中国西南山地畜牧业实用技术大全

重庆市畜牧技术推广总站　编

畜禽粪污处理与资源化利用实用技术200问

中国农业出版社

北　京

编 委 会

编 写 组

主　　编　王永红　陈红跃　李小琴　张　科　谭宏伟　程　尚
　　　　　韦艺嫒

副 主 编　吴高华　樊　莉　杨　泽　张基树　朱　燕　何道领
　　　　　高　敏　杜宜轩

编写人员（按姓氏笔画排序）
　　　　　王　瑶　王　震　王天波　王永红　韦艺嫒　尹权为
　　　　　田江波　付　涛　朱　燕　刘　羽　刘丽娜　刘应德
　　　　　刘学福　许东风　许李丽　杜宜轩　李小琴　李晓波
　　　　　杨　泽　杨　娥　吴　梅　吴高华　何道领　余佳林
　　　　　汪思霖　沈兴成　张　科　张　晶　张国庆　张春梅
　　　　　张基树　张璐璐　陈东颖　陈红跃　林　君　周述俊
　　　　　郑云才　郑德菊　赵远平　荆战星　胡　沛　姚　超
　　　　　莫文生　徐　琳　殷　丽　高　敏　蒋林峰　程　尚
　　　　　曾佑祥　温清华　赖　鑫　谭千洪　谭宏伟　谭剑蓉
　　　　　樊　莉　潘　晓

前　言

生态兴则文明兴，生态衰则文明衰。在2023年7月召开的全国生态环境保护大会上，习近平总书记指出，继续推进生态文明建设，必须以新时代中国特色社会主义生态文明思想为指导，正确处理几个重大关系：一是高质量发展和高水平保护的关系，二是重点攻坚和协同治理的关系，三是自然恢复和人工修复的关系，四是外部约束和内生动力的关系，五是"双碳"承诺和自主行动的关系，为我国在新时期新形势下搞好生态文明建设进一步指明了方向。重庆市地处中国西南部，是"一带一路"和长江经济带重要连接点及内陆开放高地。近年来，习近平总书记对重庆提出"两点"定位、"两地""两高"目标，对重庆生态文明建设提出"加快建设山清水秀美丽之地""在推进长江经济带绿色发展中发挥示范作用"的期望和要求。畜禽粪污处理和资源化利用是生态文明建设之路上不可或缺的一部分，早在2016年中央财经领导小组第十四次会议上，其处理方向、利用方向以及发展目标就得以明确。

作为市级畜牧技术推广机构，重庆市畜牧技术推广总站高度重视畜禽粪污处理及资源化利用工作，以低碳减排、绿色发展为导向，为提升广大养殖业从业者畜禽粪污资源化利用技术水平、推广先进适用的技术和模式，编写了《畜禽粪污处理与资源化利用实用技术200问》。

本书的编写得到了部分区县畜牧技术推广部门和养殖企业的大力支持，在此一并表示感谢！由于编者水平有限，书中难免有疏漏之处，敬请批评指正。

重庆市畜牧技术推广总站
2024年10月

目　　录

第一章 概 述

第一节 畜禽粪污的产生与影响

1. 畜禽粪污对现代畜牧业发展有什么影响?

关于畜禽粪污与现代畜牧业的发展,我们要先认识这两个概念。畜禽粪污是畜禽养殖过程中产生的粪便、尿液和污水的总称。现代畜牧业的发展是畜牧业生产力发展到一定的历史阶段才出现的,是在将现代科学和现代工业技术应用于畜牧业之后才出现的,是建立在传统畜牧业发展基础之上的。到目前为止,现代畜牧业的发展仍在进行,根据《国务院办公厅关于促进畜牧业高质量发展的意见》(国办发〔2020〕31号)文件精神,坚持绿色发展,统筹资源环境承载能力、畜禽产品供给保障能力和养殖废弃物资源化利用能力,协同推进畜禽养殖和环境保护,促进可持续发展是促进畜牧业高质量发展的基本原则。

绿色发展水平关系到畜禽粪污的处理。在传统的畜牧业发展背景下,畜牧业的养殖模式主要还是以家庭养殖为基础,畜禽粪污的产生还没有造成污染,主要消纳方式为沼气生产、还田,但随着现代畜牧业的迅速发展,养殖力度加大,养殖更加规模化、集约化,并且土地承载能力有限,耕地减少,还田难度加大,畜禽粪污开始造成污染。全国现代畜牧业建设工作会议提出,畜牧业要在现代农业建设中率先实现现代化。促进畜禽规模化养殖与环境保护协调发展是建设现代畜牧业的基本要求。今后一段时期要立足生态文明建设和现代畜牧业建设的总体部署,以畜禽养殖标准化示范创建活动为抓手,以畜禽粪污综合利用为核心,以农牧结合、种养平衡、生态循环为基本要求,持续推进规模化、标准化、生态化畜禽养殖。

党的十八届五中全会要求,要树立"创新、协调、绿色、开放、共享"的新发展理念,以畜牧业生产和环境保护协调发展为目标,以发展方式转变为主线,以废弃物减量化产生、无害化处理、资源化利用为重点,优化区域布局,推进规模养殖,促进种养循环,建立病死畜无害化处理长效机制,做大做强废弃物综合利用产业,走产出高效、产品安全、资源节约、环境友好的畜牧业现代化道路。

2. 畜禽粪污、畜禽粪尿、粪肥、有机肥和生物有机肥的区别是什么？

（1）畜禽粪污：畜禽养殖过程中产生的粪便、尿液和污水等的总称。

（2）畜禽粪尿：养殖场生产过程中产生的具体的畜禽粪便和畜禽尿液。

（3）粪肥：可以用作肥料的粪便。

（4）有机肥：以动物的排泄物或动植物残体等富含有机质的资源为主要原料，发酵腐熟后生成的肥料。

（5）生物有机肥：特定功能微生物与以动植物残体（如畜禽粪污、农作物秸秆等）为来源并经无害化处理、腐熟的有机物料复合而成的一类兼具微生物肥料和有机肥效应的肥料。

综上：粪污包含畜禽粪尿和畜牧生产过程中产生的污水；粪肥、有机肥和生物有机肥均是把畜禽产生的粪尿作为农作物肥料使用，粪肥是统称，有机肥是经过发酵腐熟而成的肥料，生物有机肥是经无害化处理、腐熟的有机物料复合而成的一类兼具微生物肥料和有机肥效应的肥料。生物有机肥优势最为明显，营养元素齐全，能够改良土壤，促进土壤养分释放，不会造成土壤板结，能提高产品品质，能改善植物根际微生物群，提高植物的抗病虫害能力，能提高化肥利用率。生物有机肥完全腐熟，无臭、不烧根、不烂苗，杀死了大部分病原菌和虫卵，能减少病虫害发生，添加了有益菌，由于菌群的占位效应，能减少病害发生。生物有机肥本身就是微生物生活的环境，施入土壤后微生物容易存活。

3. 畜禽粪污如果不经处理就排放对地表水有什么危害？

畜禽粪污不经处理而被随意排放会对水体造成污染，主要表现为三种方式：微生物污染、有机物污染、有毒有害物质污染。畜禽粪污中存在大量病原微生物，它们以水为媒介造成动物某些疫病的传播和流行，从而对水体造成污染。有机物进入水体后，可使水体固体悬浮物、化学需氧量、生化需氧量增加，虽然水体对粪污中的氮、磷、钾等元素有一定的净化作用，但当其含量超过水体的自净能力时，水质便会恶化，水生生物便会大量滋生，水中的有机物降解因缺氧而转为厌氧腐解，使水体变黑变臭，这种水体很难再被净化和恢复生机。有毒有害物质污染主要是指未消化或降解的抗生素、药物、矿物质和消毒药品等随粪污进入水体引起的污染。

4.畜禽粪污如果不经处理就排放对地下水有什么危害？

（1）对地下水化学指标的影响。硝态氮是影响地下水水质的一个重要指标。相关研究表明，农村地下饮用水硝酸盐超标的主要原因之一是畜牧业污染，对河北省某地40多年污灌地区地下水硝酸盐含量开展监测，发现硝酸盐的主要来源是灌溉水。示踪解析发现，主要化肥、动物粪便的施用和污染物质在迁移过程中的硝化-反硝化作用是硝酸盐的主要来源。在灌溉水和降雨的作用下，耕地土壤中的氮大部分以可溶性的硝态氮、亚硝态氮和铵态氮的形态进入土壤下层甚至进入浅层地下水。未经处理的猪场废水有机磷含量高，很难被农作物有效吸收，长期灌溉会出现过量磷向下层土壤淋溶的现象，引起周围水体和浅层地下水的污染。研究发现，养殖废水经过处理后盐基离子浓度依然很高，经过这类污水灌溉后，土壤会吸附较多的 Na^+ 而释放原有的 Ca^{2+}，Ca^{2+} 随土壤淋溶液下渗进入地下水，造成地下水酸碱性、含盐量的改变。

（2）对地下水重金属含量的影响。畜禽粪污中含有大量有机质，将其施入土壤后会增加土壤中有机质尤其是可溶性有机碳的含量，重金属与可溶性有机碳易形成可溶性的金属络合物，通过淋失而污染地下水。相关研究表明，施用牛粪浆的土壤中可溶性重金属络合物的含量与可溶性有机碳的含量正相关，这些可溶性重金属络合物可能会通过淋溶作用使地下水水质受到影响。施用含高浓度重金属的畜禽粪污会增加重金属在土壤中的淋溶，经农业灌溉或雨水淋洗，土壤中的重金属极易进入地下水，造成水环境污染。

（3）对地下水抗生素含量的影响。养殖污水中的有机污染物进入环境后将发生一系列的生物、化学和物理变化，部分污染物发生降解或转化，部分物质结构稳定不易降解，长期留存在环境中。研究者在猪场及其周边村镇采集地下水样进行抗生素残留检查，发现抗生素检出率为78%，检出的抗生素有诺氟沙星、金霉素、环丙沙星、恩诺沙星和土霉素等，含量范围为0.220 ~ 222μg/L。研究者在北京、天津、河北选取了9个相对独立的猪场，猪场周边无农田、无污染源和其他养殖场，解析猪场污水与周边地下水的关系，结果表明，确实存在部分猪场粪污中的抗生素扩散至周边地下水、饮用水中的情况，喹诺酮类和四环素类是残留最多的抗生素。长期低浓度抗生素污染有可能对水体中的微生物群落产生影响，并通过食物链的传递作用影响下一级生物而破坏生态系统平衡。

（4）对地下水生物学指标的影响。畜禽粪污中含有大量的病原微生物，包括原生动物、病毒和细菌，这对于土壤和水域环境来说都是一种潜在的污染源。顾静等对北京某畜禽养殖场外围地下水进行了检测，发现总大肠菌群、菌落总数都有一定程度的超标，总大肠菌群超标较严重，菌落总数超标0.8倍。

5. 畜禽粪污对土壤的影响有哪些？

（1）对土壤理化指标的影响。浙江绍兴选择不同养殖污水灌溉年限的蔬菜地调查研究发现，长期养殖污水灌溉明显提高了蔬菜地表层（0～20cm）土壤pH、有机碳、全氮、全磷、铵态氮、硝酸盐、有效磷和速效钾的含量。王韶华等对北京生态高效养殖园区的猪场废水进行处理后用来灌溉，结果表明，与清水灌区相比，处理废水灌区0～100cm土层土壤样品全氮、硝酸盐、亚硝酸盐、铵态氮等的含量均显著提高。Daniel等对美国南部的耕地土壤肥力进行了研究，发现长期施用畜禽粪污的耕地土壤中氮和磷含量要比对照土壤高4～5倍。研究者对加拿大及新西兰的耕地进行了研究，发现长期施用畜禽粪污的耕地土壤氮累积现象十分明显。

（2）对土壤重金属含量的影响。对贵阳长期养殖废水灌溉的蔬菜地土壤进行调查研究发现，与对照相比，污灌土壤Cd含量呈增加趋势，平均Cd含量为0.56mg/kg，可还原态重金属含量普遍升高，可还原态Cd从5.56%增加至57.2%。章明奎等的研究结果表明，长期畜禽养殖污水灌溉明显增加了表层（0～20cm）土壤中Cu、Zn和Cd的积累，灌溉12年和23年后土壤中Cu和Zn的含量明显高于对照，Cu含量分别增加8.08mg/kg和17.8mg/kg，Zn含量分别增加17.8mg/kg和46.9mg/kg。王韶华等开展了猪场再生水灌溉与清水灌区比较研究，发现在0～100cm土层土壤中存在Cd、Cu、As、Zn和Ni含量显著提高的情况。有研究发现，养殖污水灌溉引入的金属在土壤中有向下迁移的趋势，养殖污水灌溉能明显提高土壤表层Cu、As和Zn的含量，Cu主要在土壤表层积累，As在土壤中下层积累较多，As存在随着土壤淋失向下层迁移的趋势。Shi等发现猪粪施用量与土壤中的Zn含量和Cu含量存在显著正相关关系，含Cd猪粪的长期施用会引起土壤耕层Cd累积并向下迁移。黄治平研究了施用规模化猪场粪污不同年限的农田土壤重金属全量和有效态含量的变化，结果表明，长期施用猪场粪污后，土壤Zn、Cu、Mn的总量和有效态含量明显增加，统计分析结果表明，Zn、Cu、Mn和As的主要来源为猪场废水，Cd的主要来源为猪场废水和化肥，Pb的主要来源为化肥。

（3）对土壤抗生素含量的影响。对浙江北部地区施用畜禽粪污的农田土壤中四环素类抗生素残留状况的调查结果表明，规模化养殖场的畜禽粪污的抗生素含量远高于散养型的养殖场。施用畜禽粪污的农田表层土壤中土霉素、金霉素和四环素的检出率范围为88%～93%，其平均残留量分别为对照的38倍、12倍和13倍，结果表明，农田土壤抗生素的主要来源是畜禽粪污。刘艳萍等对贵阳长期养殖废水灌溉蔬菜地土壤进行了调查研究，发现污灌土壤中四环素类、磺胺类和喹诺酮类抗生素含量明显增加，含量分别为0.14～15.8μg/kg、0.26～8.03μg/kg和0.31～32.8μg/kg。

（4）对土壤生物指标的影响。对浙江地区养殖污水灌溉不同年限的蔬菜地进行研究发现，长期养殖废水灌溉明显增强了土壤酶的活性，随着灌溉年限的增加增幅增大，与对照相比，灌溉4年、12年和23年后，土壤中脲酶活性分别增强了16%、29%和37%，蛋白酶活性分别增强了20%、55%和97%，酸性磷酸酶活性分别增强了15%、

41%和58%，纤维素分解酶活性增强了67%、103%和91%，脱氢酶活性增强了20%、28%和24%。污水灌溉土壤活性增幅最大的酶为蛋白酶和纤维素分解酶，原因可能是污水灌溉给土壤带入了大量的有机氮、有机磷等有机物质，激发了土壤微生物分泌土壤酶。殷勤等的研究表明施用猪粪水后的土壤鞘氨醇单胞菌属、厚壁菌门显著增加，施用猪粪水使土壤环境变得复杂，为了适应复杂的生存环境，微生物被动地改变了自身的多样性，增强了自身对土壤胁迫的抵抗能力。

6. 畜禽粪污对农作物的影响有哪些？

（1）引发病虫害。畜禽粪污中含有大量的病菌等有害物质，一些线虫的卵、大肠杆菌等病原菌在农田中导致病虫害多发，农作物不能正常生长，造成产量与质量无法提高。

（2）重金属超标。畜禽粪污是农田中重金属的重要来源，Zn、Cu等重金属会影响作物的生长和发育，造成作物减产。含Zn污水灌溉农田会对作物特别是小麦的生长产生较大影响，造成小麦出苗不齐、分蘖少、植株矮小、叶片萎黄。Cd等重金属对作物产量没有影响，但能通过作物的可食用部位危害人体健康。

（3）影响农作物生长。没有经过充分腐熟的农家肥被施入土壤后会加重土壤酸化，产生毒气危害，造成土壤缺氧，二次发酵产生的高温极容易引起烧苗、烧根等问题。没有正确处理的畜禽粪污肥效缓慢。畜禽粪污里面还含有过多的盐分，过多地施用未腐熟的畜禽粪污只会增大土壤的盐渍化程度。

此外，由于部分饲料中含有添加剂、抗生素等物质，将含有此类有害物质的粪污施入农田土壤后可导致大量有害物质被作物吸收，进而严重影响食品安全。

7. 畜禽粪污对大气环境的影响有哪些？

畜禽粪污产生臭气等有害气体，臭气主要由有机物厌氧分解产生，糖类厌氧分解成甲烷、有机酸和醇类，含氮化合物厌氧分解成氨、硫化氢、乙烯醇、甲胺、三甲胺等恶臭气体，造成空气污染、温室效应。氨气、硫化氢等均可刺激猪的上呼吸道黏膜，浓度高时造成猪中毒死亡。未经处理的畜禽粪污中一部分氮挥发到大气中增加大气中的氮含量，严重的可构成酸雨危害农作物。

8. 畜禽粪污对人体健康的影响有哪些？

畜禽粪污通过水、空气以及生物沉积等方式间接影响人体健康，畜禽粪污含有大量亚硝酸盐，可将人体正常的血红蛋白氧化成高铁血红蛋白，使其失去输送氧的能力。亚硝酸盐还会与仲胺类反应生成致癌的亚硝酸胺类物质。人饮用受污染的地下水后血液中的变性血红蛋白增加，污染地下水还可经肠道微生物作用转变为亚硝酸盐而出现毒性作用。大量的铵态氮又可引起水体富氧化并产生藻类，使鱼贝类生物长期富集，人食用后可发生中毒甚至死亡。近年来发生的禽流感、猪流感等人兽共患病，也与畜禽粪污污染造成的恶劣环境有很大关系。

9. 化学需氧量（COD）的概念及测定意义是什么？

COD是chemical oxygen demand（化学需氧量）的缩写，是水体有机物氧化分解后所消耗氧气量的测定值。COD是水质检测中最重要的参数之一，它可以表征水体有机物的浓度，也是表征污染程度和处理效果的重要指标，COD越大，说明水体受有机物的污染越严重。

在国家的相关标准中，检测水样COD所采用的强氧化剂一般为重铬酸钾或者高锰酸钾。因两者的分子量和氧化能力存在区别，用两者测得的数值是有一定差距的，因此在检测COD时，应在结果处注明具体的检测方法。《农田灌溉水质标准》（GB 5084—2021）要求，向农田灌溉渠道排放城镇污水以及未综合利用的畜禽养殖废水、农产品加工废水、农村生活污水，应保证其下游最近的灌溉取水点的水质COD_{Cr}（重铬酸盐法）数值符合：水田作物≤150mg/L，旱地作物≤200mg/L，加工、烹调及去皮蔬菜≤100mg/L，生食类蔬菜、瓜类和草本水果≤60mg/L。

COD是分析水质的重要指标，属于一种倒推的关系，对COD超标原因进行分析对于进行水质保护与改善有重要意义。

农药、化工厂污水、有机肥等进入水体，导致水体中含有大量还原性物质，如果不好好处理，许多有机污染物会沉积下来，破坏水体生态平衡。

（1）人若以水中的COD高的生物为食，这些生物体内的有毒物质积累在人体内，会对人体健康产生危害。

（2）若以受污染的水浇灌农作物，则农作物生长会受到影响，而且这些农作物的产品也会积累有毒物质。

（3）不同河水的COD会有波动，对于不同原因造成的结果要作详细分析，分析对水质和生态的影响，评估对人的伤害，如果不能进行详细分析，也可间隔几天对水样再进行COD测定，如果比前一次下降很多，说明水中含有的还原性物质是可以降解的，此外，还要进行其他污染物的分析。

10. 生化需氧量（BOD）的概念及测定意义是什么？

BOD（biochemical oxygen demand）即生化需氧量，是指在有氧条件下，微生物分解1L水中所含有机物时所需的溶解氧量，单位为mg/L。微生物分解水中的有机化合物时需要消耗氧，如果水中的溶解氧不足以供给微生物的需要，水体就处于污染状态。因此BOD是间接反映水体被有机物污染程度的一个重要指标。通过对BOD的测定，可以了解污水的可生化性及水体的自净能力等。BOD的值越高说明水中有机污染物越多、水体污染越严重。

在有氧条件下，可生物降解有机物的降解分为两个阶段：第一阶段是碳的氧化阶段（carbonaceous stage），也称为碳化阶段，即在异养菌的作用下，含碳有机物被氧化（或称碳化）为CO_2和H_2O，含氮有机物被氧化（或称氨化）为NH_3，所消耗的氧以O_a表示，与此同时，合成新细胞；第二阶段是碳的氧化和氮的氧化同时进行（nitrogenous stage）阶段，也称为硝化阶段，即在自养菌（亚硝化菌）的作用下，NH_3被氧化为NO_2^-和H_2O，所消耗的氧用O_c表示，再在自养菌（硝化菌）的作用下，NO_2^-被氧化为NO_3^-，所消耗的氧用O_d表示，与此同时，合成新细胞。合成的新细胞在活动中进行新陈代谢（即自身氧化的过程），产生CO_2、H_2O与NH_3，并释放出能量与氧化残渣，这个过程叫内源呼吸，所消耗的氧用O_b表示。O_a+O_b为第一阶段生化需氧量（或称为总碳氧化需氧量、总生化需氧量、完全生化需氧量），用S_a或$CBOD_u$表示。O_c+O_d称为第二阶段生化需氧量（或称为氮氧化需氧量、硝化需氧量），用硝化BOD或NOD_u表示。由于NH_3已经是无机物，污水的生化需氧量一般仅反映有机物在阶段生化反应时所需的氧的量。微生物对有机物的降解与温度有关，一般以20℃作为测定生化需氧量时的标准温度。在氧气充足、不断搅动的测定条件下，有机物一般要20d才能基本完成阶段性的氧化分解过程（约99%），常把20d BOD值当作完全BOD值，即BOD_{20}。但20d在实际工作中是难以做到的。因此规定一个标准时间，一般为5d，称之为五日生化需氧量，记作BOD_5。依据《水质 五日生化需氧量（BOD_5）的测定 稀释与接种法》（HJ 505—2009）。BOD_5的测定通常情况下是指水样充满完全密闭的溶解氧瓶，在（20±1）℃的暗处培养5d±4h或（2±5）d±4h[先在0～4℃的暗处培养2d，接着在（20±1）℃的暗处培养5d，即培养（2±5）d]，分别测定培养前后溶解氧的质量浓度，依据培养前后溶解氧的质量浓度之差，计算每升样品消耗的溶解氧量，以BOD_5形式表示[1]，BOD_5为BOD_{20}的70%左右。一般河流的BOD_5不超过2mg/L，若高于10mg/L，就会散发出恶臭味。我国污水综合排放标准规定，在工厂排出口，废水的BOD二级标准的容许浓度为60mg/L，地表水BOD不得超过4mg/L。

11. 什么是悬浮物（SS）？

悬浮物（suspended substance，SS）是悬浮在水体中、无法通过0.45μm滤纸或过滤器的有机和无机颗粒物，是衡量水质污染程度的指标之一。在废水排放过程中，悬浮物随着时间的推移容易沉降下去，在沉降过程中会出现粗颗粒在上细颗粒在下的粒径分层现象，同时还有随着离排放口距离的增加颗粒逐渐变细变小的趋势[2]。包括不溶于水的无机物、有机物及泥沙、黏土、微生物等。水中悬浮物含量是衡量水污染程度

[1]汪彩琴，谭秋曼，刘颖，2014.QUAL2K模型的生化需氧量指标研究[J].环境工程，32（S1）：348-350.
[2]徐衍忠，王均乐，张乃香，等，2002.影响悬浮物测定结果的因素分析[J].中国环境监测（5）：36-39.

的指标之一。悬浮物主要由泥沙、黏土、原生动物、藻类、细菌、病毒，以及高分子有机物等组成，水中产生的浑浊现象也都是由此类物质造成的。有时也称为悬浮固体或悬浮胶体。悬浮物分为有机和无机两大部分。有机部分大多是碎屑颗粒，主要是生物残骸、排泄物和分解物，由糖类、蛋白质、类脂物质和壳质等组成。无机部分包括陆源矿物碎屑（例如石英、长石）、水生矿物（例如沉淀的海绿石和钙十字沸石等硅酸盐类）。水体中的有机悬浮物沉积后易厌氧发酵，使水质恶化。我国污水综合排放标准分三级，规定了污水和废水中悬浮物的最高允许排放浓度，我国地下水质量标准和生活饮用水卫生标准对水中悬浮物以浑浊度为指标进行了规定。

12. 单位畜禽粪污日产生量有什么标准？

根据国家有关资料：生猪尿液产生量为2.53kg/（d·头），生猪粪便产生量为1kg/（d·头）。奶牛尿液产生量为11.86kg/（d·头），奶牛粪便产生量为25kg/（d·头）。肉牛尿液产生量为8.32kg/（d·头），肉牛粪便产生量为12.1kg/（d·头）。肉羊尿液产生量为0.41kg/（d·头），肉羊粪便产生量为0.69kg/（d·头）。蛋鸡粪便产生量为0.12kg/（d·头）。肉鸡粪便产生量为0.06kg/（d·头）。

2007年，我国开展的第一次全国污染源普查中畜禽养殖业污染源普查结果为：生猪出栏50头以上，奶牛存栏5头以上，肉牛出栏10头以上，蛋鸡存栏500只以上，肉鸡出栏2 000只以上，肉羊未纳入普查范围。我国畜禽规模化养殖生猪所占比例为69.9%、蛋鸡所占比例为81%、肉鸡所占比例为85.6%、奶牛所占比例为57%，肉牛和肉羊未见相关数据，分别采用50%和80%进行计算。从而得出我国2015年规模化畜禽养殖粪污产生量为3.834×10^9t，其中新鲜粪便为6.36×10^8t，尿液为5.65×10^8t，污水为2.633×10^9t[①]。

第二节　畜禽粪污资源化利用的目标任务

13. 畜禽粪污资源化利用对生态文明建设有什么意义？

生态兴则文明兴。蓝天白云飘逸，田野遍地翠绿，乡村美景如画，城镇干净整洁，此番美景，便是坚持生态文明建设带来的"绿色福利"。而畜禽粪污处理作为农业面源污染的重要一环，操作不好极易污染生态环境，若不坚持进行资源化利用将破坏生态文明建设成果。一是畜禽粪污易污染水体，畜禽粪污中含有大量氮、磷、钾等元素，

①武淑霞，刘宏斌，黄宏坤，等，2018.我国畜禽养殖粪污产生量及其资源化分析[J].中国工程科学，20（5）：103-111.

若不经处理直接排入或随雨水冲刷流入江河后会造成水体富营养化，藻类植物大量繁殖，消耗水体中的溶解氧，致使鱼类等生物大量死亡，水体变黑发臭，水体污染陷入恶性循环状态，严重时导致水体丧失使用功能。若粪污长时间渗入地下，将使地下水中的硝态氮或亚硝态氮浓度增大、溶解氧含量降低、有害成分增多，严重影响水质量，并且一旦污染很难恢复，严重危及周边群众生活用水安全。二是畜禽粪污易污染土壤，主要表现为不当的还田施用会打破土壤中氮、磷等元素平衡致使有害物质在土壤中累积。一方面，规模化养殖场的粪污排放量大，养殖场周边若仅有少量农田无法容纳，农田中长期堆放的粪污会造成土壤结构失衡。粪污还田量过大还会导致土壤中的氮、磷、钾等有机养分过剩，使得土壤空隙堵塞，造成土壤透气、透水性下降及板结、盐化，严重降低土壤质量。因此只有坚持畜禽粪污资源化利用才能有效减少畜禽粪污的危害，助力生态文明建设。

14. 畜禽粪污资源化利用现存问题有哪些？

一是养殖场畜禽粪污处理压力大。农业绿色发展相关政策对畜禽粪污排放量进行了严格控制，从而将养殖场作为面源污染政策的集中执行对象，在一定程度上增加了养殖场经营成本。当前畜禽养殖规模化程度高，畜禽粪污产生量大，传统粪污堆放自然发酵的方式无法满足现代化养殖需要以及环保要求，因此，建造以及购置畜禽粪污处理设施是大多数养殖场处理畜禽粪污的必选之路。但设备设施投入大、后期运营成本高成为困扰养殖场的一大问题。

二是政府用于扶持畜禽粪污处理的资金有限。当前对于养殖场有关畜禽粪污处理的补贴和激励措施是由国家项目配套资金予以支持的，地方政府由于缺乏资金而很难出台补充的补贴政策。因此，当前在畜禽粪污治理相关政策的实行上的突出表现为污染管控有余、资源化利用激励不足，在项目实施过程中缺乏补贴及其他引导性、补偿性措施。

三是畜禽粪污处理及资源化利用相关环节难以监管。从畜禽粪污的处理过程来看，养殖场作为畜禽粪污处理的第一责任人，在兼顾畜禽养殖的同时还要考虑畜禽粪污处理的问题，除大型养殖场或有配套畜禽粪污处理公司的养殖场外，其余小养殖场均采用自产自销或者自产自用的方式来处理畜禽粪污。但考虑到畜禽种类多样、养殖场数量大，各养殖场粪污处理技术模式、发酵时间、粪污含水量等条件不一，养殖场出售的有机肥质量和养分含量很难保证，并且绝大多数养殖场对有机肥中虫卵数量、重金属残留量、有机质含量等指标不具备检测能力。

15. 什么是畜禽粪污资源化利用？

2017年，党的十九大报告中首次提出乡村振兴战略，要大力发展绿色生态健康养殖，推动"种养结合、农牧循环"发展模式的实施，形成以规模化生产、集约化经营为主导的畜牧业发展格局；坚持源头减量、过程控制、末端利用的治理路径，以畜牧大县和规模养殖场为重点，以农用有机肥和农村能源为主要利用方向，全面推进畜禽粪污资源化利用。畜禽粪污资源化利用的目的是实现畜牧业绿色发展。坚持"生态优先、绿色发展"不动摇，紧紧围绕"控量、提质、增效"思路，加快建设资源节约型、环境友好型农业，加快推动畜牧业转型升级、提质增效，促进农业产业质量提升和畜牧业绿色发展。其重要意义是本着"减量化、无害化、资源化"的原则，对畜禽粪污进行合理处理利用，是将畜禽粪污变废为宝和减轻养殖场对环境污染的重要措施。畜禽粪污中含有大量的有机物、矿质元素及其他营养物质，经无害化处理杀灭其中的病原微生物、寄生虫及虫卵等后，可施入农田，提高土壤的保水、保肥能力。用以饲喂畜禽可节约饲料、节省开支、提高养殖效益。

16. 畜禽粪污资源化利用的主要任务是什么？

主要任务是分别指导好规模养殖场、养殖专业户、散养户这三个量级的养殖个体开展好畜禽粪污资源化利用工作，避免出现污染。指导畜禽养殖场根据养殖规模和资源化利用需要，建设畜禽粪便、污水与雨水分流设施，畜禽粪便、污水的贮存设施，粪污厌氧消化和堆沤、有机肥加工、制取沼气、沼渣沼液分离和输送、污水处理设施，及时掌握畜禽养殖动态。根据《重庆市水污染防治条例》等相关要求，指导畜禽养殖专业户实行雨水、污水分流，建设相应的畜禽粪便、污水贮存设施，及时对畜禽粪便、污水进行收集、贮存、处理。推动各村社将畜禽散养户纳入村规民约管理，封闭管理畜禽散养户，督促其畜禽养殖行为符合村规民约和人居环境相关要求。鼓励位于山林地（林木地、果树地）、农田范围内的散养户收集畜禽粪便、污水，并采取厌氧、堆沤、有机肥加工等方式将其无害化处理后，在山林地、农田施肥和灌溉期间施用。

17. 畜禽粪污资源化利用对循环农业发展有什么意义？

肉蛋奶是居民日常生活中的必需品，随着农业经济重心从种植业向畜牧业转移，畜牧业在我国农业总产值中的占比已增至33%～36%，畜禽粪污年产量达30.5亿t，是2019年工业固体废物产生量的0.86倍。2021年中央经济工作会议上首次提出要"牢牢守住保障国家粮食安全和不发生规模性返贫两条底线"。畜禽粪污产生量大、利用价值高。循环农业发展模式是解决畜禽粪污处理难问题的有效手段并具有潜在的市场价值。此外，畜禽粪污有助于乡村建设、乡村发展、乡村治理重点工作，推动了乡村振兴取得新进展、农业农村现代化迈出新步伐。在循环农业发展过程中，畜禽粪污可以将养殖场与种植户巧妙连接，通过粪肥收运和田间施用等社会化服务组织处理畜禽粪污。因地制宜，可以结合区域特点对畜禽粪污进行还田高效利用，同时需要政府进一步引导并通过有机肥生产加工、基质栽培等工艺帮扶脱贫人口稳岗就业，有助于推动农村人口就业问题的解决。保障粮食安全：随着人们生活水平逐步提高，人们越来越重视粮食生产指标和质量，逐渐从吃得饱到要求吃得好，进而对舌尖上的美食形成了高质量要求。将利用畜禽粪污生产的有机肥施用于田地可提高蔬果品质和风味，同时也有效避免了施用化肥造成的环境污染和不必要浪费，更有助于避免土壤团粒结构被破坏、土壤板结、农产品质量下降等问题，有利于田地的长远发展。

18. 什么是碳排放、"双碳"承诺、碳交易？

碳排放：人类在生产经营活动过程中向外界排放温室气体（二氧化碳、甲烷、氧化亚氮、氢氟碳化物、全氟碳化物和六氟化硫等）的过程。碳排放是目前被认为导致全球变暖的主要原因之一。我国碳排放中占比最大（54%）的是电力和供热部门生产环节中化石燃料的燃烧。

"双碳"即碳达峰、碳中和。碳达峰：我国承诺在2030年前，二氧化碳的排放量不再增长，达到峰值之后再慢慢减下去。中国工程院在北京发布重大咨询项目成果《中国碳达峰碳中和战略及路径》指出，我国二氧化碳排放量有望于2027年前后实现达峰，峰值控制在122亿t左右。碳中和：到2060年，针对排放的二氧化碳，要采取植树、节能减排等各种方式全部抵消。

碳交易：温室气体排放权交易的统称，在《京都议定书》要求减排的6种温室气体中，二氧化碳为最重要的一种，因此，温室气体排放权交易以每吨二氧化碳当量为计算单位。2021年6月25日，生态环境部等多部委宣布全国碳交易市场开启。

19. 畜禽粪污资源化利用对农业农村实现碳达峰、碳中和有什么意义？

农业农村是重要的温室气体排放源。养殖粪污产生的温室气体类型主要有二氧化氮、二氧化碳、甲烷等，畜禽饲料中60%左右的氨通过粪污排出体外，而粪污处理的堆积方式处于厌氧条件下，经过厌氧发酵后会释放氨气、硫化氢、甲基硫醇和三甲基胺等有恶臭味或刺激性的气体。据统计，农业是温室气体排放的主要板块，占全国温室气体排放量的15%，畜牧业产生的甲烷和一氧化二氮占全国农业温室气体排放量的50%，已成为我国可持续发展的瓶颈。畜禽养殖粪污处理过程中，可以充分利用厌氧单元来回收所形成的甲烷能源，同时在沼液处理过程中设置氮磷回收和生物-生态协同处理单元，收到出水稳定达标排放和温室气体最大限度减排双重成效。畜禽粪污资源化利用程度越高，产生的二氧化氮、二氧化碳、甲烷等温室气体越少，能助力碳达峰、碳中和这一目标越早实现。

第三节　法律法规、政策文件、标准规范

20. 畜禽粪污资源化利用有什么法规依据？

畜禽粪污资源化利用法律法规及相关要求：

（1）《中华人民共和国清洁生产促进法》：农业生产者应当科学地使用化肥、农药、农用薄膜和饲料添加剂，改进种植和养殖技术，实现农产品的优质、无害和农业生产废弃物的资源化，防治农业环境污染。

（2）《中华人民共和国环境保护法》：从事畜禽养殖的单位和个人应当采取措施，对畜禽粪便、尸体和污水等废弃物进行科学处置，防止污染环境。

（3）《中华人民共和国水污染防治法》：畜禽养殖场、养殖小区应当保证其畜禽粪便、污水的综合利用或者无害化处理设施正常运转，保证污水达标排放，防止污染水环境。

（4）《中华人民共和国大气污染防治法》：畜禽养殖场、养殖小区应当及时对污水、畜禽粪便和尸体等进行收集、储存、清运和无害化处理，防止排放恶臭气体。

（5）《中华人民共和国土壤污染防治法》：县级以上人民政府有关部门应当加强对畜禽粪污、沼渣、沼液等收集、贮存、利用、处置的监督管理，防治土壤污染。

（6）《中华人民共和国固体废物污染环境防治法》：从事畜禽规模化养殖应当及时收集、储存、利用或者处置养殖过程中产生的畜禽粪污等固体废物，避免造成环境污染。

（7）《中华人民共和国畜牧法》：畜禽养殖场应当保证畜禽粪污无害化处理和资源化利用设施的正常运转，保证畜禽粪污综合利用或者达标排放，防止污染环境。违法排放或者因管理不当而污染环境的，应当排除危害，依法赔偿损失。

（8）《畜禽规模养殖污染防治条例》：未经无害化处理直接向环境排放畜禽养殖废弃物的，由县级以上地方人民政府环境保护主管部门责令限期治理，可以处5万元以下的罚款。

畜禽粪污资源化利用相关政策文件及内容概述：

（1）《国务院办公厅关于加快推进畜禽养殖废弃物资源化利用的意见》（国办发〔2017〕48号）：通过建立健全畜禽养殖废弃物资源化利用制度，加强财税政策、用地、产业升级、科技支撑等保障措施，全面推进畜禽养殖废弃物资源化利用。

（2）《重庆市农业生态环境保护与农业废弃物资源化利用"十四五"规划（2021—2025年）》：大力发展绿色畜牧业，加强畜禽粪污处理设施设备及工艺的改造提升，加强技术服务支撑，创新畜禽粪污资源化利用机制。到2025年，全市畜禽粪污综合利用率稳定在80%以上。

21. 《中华人民共和国清洁生产促进法》发布时间及主要内容是什么？

《中华人民共和国清洁生产促进法》于2002年6月29日发布，2003年1月1日起施行，2012年2月29日公布了修改后的内容，自2012年7月1日起施行。该法是促进我国清洁生产的发展、建设美丽中国、推进环境保护和可持续发展的重要法律法规。该法共六章四十条。第一章为总则，主要规定了清洁生产的定义、适用范围、各级政府及相关部门在促进清洁生产中的职能职责。第二章为清洁生产的推行，主要规定了各级政府及相关部门应制定有利于实施清洁生产的财税、产业、技术开发和推广政策，编制国家及行业专项清洁生产推行规划并组织实施，各级政府及相关部门应加强清洁生产相关的产品技术信息提供与发布、技术指导与培训、技术示范与推广和宣传教育。第三章为清洁生产的实施，主要规定了新建、改建和扩建项目应当进行环境影响评价，企业在进行技术改造时应采取清洁生产措施，产品包装、工业材料、农业生产资料使用及相关行业生产中应遵循相关清洁生产要求。第四章为鼓励措施，主要规定对清洁生产实行表彰奖励制度。第五章为法律责任，主要规定了不履行清洁生产相关职责和应承担的责任。第六章为附则。

22. 《畜禽规模养殖污染防治条例》发布时间及主要内容是什么？

《畜禽规模养殖污染防治条例》于2013年11月11日经中华人民共和国国务院令第643号公布，自2014年1月1日起施行。该条例是我国农村和农业环保领域第一部国家级行政法规，是农村和农业环保制度建设的里程碑，是生态文明制度建设尤其是农村和农业领域生态文明制度建设的重大进展，对推动畜禽养殖环境问题的解决、促进畜禽养殖业健康、可持续发展具有深远的意义。该条例共六章四十四条。第一章为总则，主要规定了制定本条例的宗旨，各级政府、环境保护部门、农牧部门及其他相关部门的监管职责。第二章为预防，主要规定了相关部门编制畜牧业发展规划和畜禽养殖污染防治规划，禁养区的界定，养殖场、养殖小区应当符合畜牧业发展规划和畜禽养殖污染防治规划，满足动物防疫条件，并进行环境影响评价，应当在生产中采取科学的饲养方式和废弃物处理工艺。第三章为综合利用与治理，规定了国家鼓励和支持采取粪肥还田、制取沼气、生产有机肥等方法，对畜禽养殖废弃物进行综合利用，采取种植和养殖相结合的方式消纳利用畜禽养殖废弃物，促进畜禽粪便、污水等废弃物就地就近利用；沼气制取、有机肥生产等废弃物综合利用以及沼渣沼液输送和施用、沼气发电等相关配套设施建设。第四章为激励措施，主要规定了县级以上人民政府对标准化养殖业的鼓励政策，引导支持养殖业主开展畜禽养殖污染防治和畜禽养殖废弃物综合利用。第五章为法律责任，主要规定了未依照本条例规定履行职责的相关部门应受处分，养殖户不依照本条例的相关规定在禁养区养殖、未进行环境评价所应当承担的责任。第六章为附则。

23. 《中华人民共和国环境保护法》发布时间及主要内容是什么？

《中华人民共和国环境保护法》于1989年12月26日经第七届全国人民代表大会常务委员会第十一次会议通过，2014年4月24日修订，共七章七十条。第一章为总则，规定了立法目的、适用范围、管理体制、基本原则及实施奖励等。第二章为监督管理，规定了环境质量标准和污染物排放标准的制定权限、程序和实施要求，环境保护规划的拟定、审批和实施责任，跨行政区环境问题的管理和解决程序，新建项目环境影响评价制度、现场检查制度，环境监测的管理以及定期发布环境状况公报。第三章为保护和改善环境，规定了各级人民政府对本辖区的环境质量负责及保护和改善的措施和要求；各级人民政府对各种自然生态系统、各种特殊保护区域、各种自然遗迹和人文遗迹要加以保护和严禁破坏；在特殊保护区、风景名胜区内不得建设污染环境的生产设施；开发大自然资源，必须采取措施保护生态环境；要采取措施保护农业环境，防止土壤污染和土地沙化、盐渍化、贫瘠化、沼泽化，防止植被破坏、水土流失、水源枯竭、种源灭绝等生态失调现象的发生和发展，合理使用化肥和药剂；城乡建设应保护植被、水域和自然景观，加强绿地、园林和风景名胜区的建设；加强海洋环境保护。第四章为防治污染和其他公害，规定了防治污染和其他公害的原则；产生环境污染和其他公害的单位实行责任制进行防治；新建项目和技术改造项目应采用资源利用率高、污染排放量少的工艺设备和经济合理的废弃物综合利用技术和污染物处理技术；防治污染的设施与主体工程同时设计、同时施工、同时投产使用；规定了排污申报登记制度、征收排污费制度、发生污染事故报告制度；对造成严重污染的企业限期治理。第五章为信息公开和公众参与，主要规定了公民、法人和其他组织依法享有获取环境信息权、参与权、监督权、举报权；环境信息发布制度。第六章为法律责任，主要规定了违反《中华人民共和国环境保护法》规定造成环境污染损害的，追究相应的责任。第七章为附则。

24. 《国务院办公厅关于加快推进畜禽养殖废弃物资源化利用的意见》发布时间及主要内容是什么？

《国务院办公厅关于加快推进畜禽养殖废弃物资源化利用的意见》于2017年6月

12日印发。该意见共分三个部分十四条，主要内容：一是对加快推进畜禽养殖废弃物资源化利用提出了"一条路径、两个重点、两个方向、三大目标"。"一条路径"，坚持源头减量、过程控制、末端利用的治理路径；"两个重点"，以畜牧大县和规模养殖场为重点；"两个方向"，以沼气和生物天然气为主要处理方向和以农用有机肥、农村能源为主要利用方向；"三大目标"，到2020年，建立科学规范、权责清晰、约束有力的畜禽养殖废弃物资源化利用制度，全国畜禽粪污综合利用率达到75%以上，规模养殖场粪污处理设施装备配套率达到95%以上。二是建立健全畜禽养殖废弃物资源化利用制度。落实畜禽规模养殖环评制度；完善畜禽养殖污染监管制度；建立属地管理责任制度；落实规模养殖场主体责任制度；健全绩效评价考核制度；构建种养循环发展机制。三是提出保障措施。加强财税政策支持；统筹解决用地用电问题；加快畜牧业转型升级；加强科技及装备支撑；加强组织领导。

25. 《中华人民共和国大气污染防治法》发布时间及主要内容是什么？

《中华人民共和国大气污染防治法》于1987年9月5日经中华人民共和国主席令第五十七号令公布，自1988年6月1日起施行。该法历经1995年、2018年两次修正，2000年、2015年二次修订，共八章一百二十九条。第一章为总则，主要规定了大气污染防治的总体原则、主要任务、各级政府部门职责及大气污染防治的权利和义务。第二章为大气污染防治标准和限期达标规划，主要规定了大气环境质量标准和大气污染物排放标准的制定、审查论证、公布、评估修订；城市大气环境质量限期达标规划的编制、执行。第三章为大气污染防治的监督管理，主要规定了对不同的大气污染物排放单位的监督管理内容、监督管理单位、监督管理原则及办法。第四章为大气污染防治措施，主要规定了对燃煤燃油、工业、机动车船、扬尘、农业等大气污染的综合防治措施。第五章为重点区域大气污染联合防治，主要规定了重点区域大气污染联防联控机制建立、运行及联合防治措施。第六章为重污染天气应对，主要规定了重污染天气监测预警体系建立及应对措施。第七章为法律责任，主要规定了违反《中华人民共和国大气污染防治法》需要承担的各种法律责任。第八章为附则。

26. 《中华人民共和国土壤污染防治法》发布时间及主要内容是什么？

《中华人民共和国土壤污染防治法》于2018年8月31日经十三届全国人民代表大会常务委员会第五次会议通过，自2019年1月1日起施行。共七章九十九条。第一章为总则，主要规定了土壤污染防治主体、原则、各级政府和相关部门的职能职责。第二章为规划、标准、普查和监测，主要规定了土壤污染防治规划、标准的制定及执行；实行土壤污染状况普查和土壤环境监测制度。第三章为预防和保护，主要规定了对涉及土壤污染的相关行业、相关生产活动、相关建设过程的相应的土壤污染防治措施。第四章为风险管控和修复，主要规定了土壤污染风险管控和修复的责任主体、一般工作流程，农用地和建设用地的土壤污染风险管控和修复。第五章为保障和监督，主要规定了有利于土壤污染防治的财政、税收、价格、金融等经济政策和措施，对土壤污染防治的监督主体和监督措施，第六章为法律责任，主要规定了相关职能部门、责任人未履职应承担的法律责任，违反《中华人民共和国土壤污染防治法》相关行为应承担的法律责任。第七章为附则。

27. 畜禽养殖禁养区有关规定及划定依据是什么？

按照《畜禽养殖禁养区划定技术指南》规定，畜禽养殖禁养区是指县级以上地方人民政府依法划定的禁止建设养殖场或禁止建设有污染物排放的养殖场的区域。禁养区所包含的区域有：饮用水水源一级保护区和二级保护区的陆域范围；国家级和地方级自然保护区的核心区和缓冲区；国家级和省级风景名胜区；城镇居民区和文化教育科学研究区；法律法规规定的其他禁止建设养殖场的区域。

禁养区的划定依据主要有《中华人民共和国环境保护法》、《中华人民共和国畜牧法》、《中华人民共和国水污染防治法》、《中华人民共和国大气污染防治法》、《畜禽规模养殖污染防治条例》（国务院令643号）、《重庆市环境保护条例》、《重庆市水污染防治条例》、《环境保护部 农业部关于印发〈畜禽养殖禁养区划定技术指南〉的通知》（环办水体〔2016〕99号）、《生态环境部 农业农村部关于进一步规范畜禽养殖禁养区划定和管理促进生猪生产发展的通知》（环办土壤〔2019〕55号）、《重庆市环境保护局 重庆市农业委员会关于调整畜禽养殖禁养区划定有关事宜的通知》（渝环〔2017〕102号）、《重庆市生态环境局 重庆市农业农村委员会关于规范畜禽养殖禁养区划定和管理促进生猪生产发展的通知》（渝环〔2019〕187号）、《饮用水水源保护区划分技术规范》（HJ 338—2018）等。

28. 《中华人民共和国固体废物污染环境防治法》发布时间及主要内容是什么？

《中华人民共和国固体废物污染环境防治法》于1995年制定，自1996年4月1日起施行。该法历经2004年12月29日、2020年4月29日两次修订，2013年6月29日、2015年4月24日、2016年11月7日三次修正。共九章一百二十六条。第一章为总则，主要规定了《中华人民共和国固体废物污染环境防治法》的适用范围、基本原则、定义、各级政府及相关部门的职能职责。第二章为监督管理，主要规定了县级以上人民政府及其有关部门的监督管理责任，明确目标责任制、信用记录、联防联控、全过程监控和信息化追溯等制度，明确国家逐步实现固体废物零进口。第三章为工业固体废物，主要规定了完善工业固体废物污染环境防治制度；强化产生者责任，实施排污许可、管理台账、资源综合利用评价等制度。第四章为生活垃圾，主要规定了完善生活垃圾污染环境防治制度，建立推行生活垃圾分类制度，加强农村生活垃圾污染环境防治，各相关单位、家庭、个人在防治生活垃圾污染环境中的要求。第五章为建筑垃圾、农业固体废物等，主要规定了完善建筑垃圾、农业固体废物等污染防治制度；建立建筑垃圾分类处理、全过程管理制度；农业固体废物污染环境防治制度；建立电器电子等产品的生产者责任延伸制度；加强过度包装、塑料污染治理力度及污泥处理、实验室固体废物管理。第六章为危险废物，主要规定了完善危险废物污染环境防治制度；规定危险废物分级分类管理、信息化监管体系、区域性集中处置设施场所建设等内容；加强危险废物转移管理。第七章为保障措施，主要规定了固体废物的污染防治在用地、资金政策支持、技术培训和指导、科技攻关及税收优惠等方面的保障措施。第八章为法律责任，主要规定了违反该法需要承担的各种法律责任。第八章为附则。

29. 《中华人民共和国畜牧法》中与畜禽粪污资源化利用相关的条款有哪些？

2022年10月30日，中华人民共和国第十三届全国人民代表大会常务委员会第三十七次会议修订通过《中华人民共和国畜牧法》，自2023年3月1日起施行。

其中与畜禽粪污资源化利用相关的条款共五条，分别是：

第三十八条　国家设立的畜牧兽医技术推广机构，应当提供畜禽养殖、畜禽粪污无害化处理和资源化利用技术培训，以及良种推广、疫病防治等服务。

第三十九条　畜禽养殖场应当具备下列条件：有与畜禽粪污无害化处理和资源化利用相适应的设施设备。畜禽养殖户的防疫条件、畜禽粪污无害化处理和资源化利用要求，由省、自治区、直辖市人民政府农业农村主管部门会同有关部门规定。

第四十一条　畜禽养殖场应当建立养殖档案，载明畜禽粪污收集、储存、无害化处理和资源化利用情况。

第四十六条　畜禽养殖场应当保证畜禽粪污无害化处理和资源化利用设施的正常运转，保证畜禽粪污综合利用或者达标排放，防止污染环境。违法排放或者因管理不当污染环境的，应当排除危害，依法赔偿损失。国家支持建设畜禽粪污收集、储存、粪污无害化处理和资源化利用设施，推行畜禽粪污养分平衡管理，促进农用有机肥利用和种养结合发展。

第七十条　省级以上人民政府应当在其预算内安排支持畜禽种业创新和畜牧业发展的良种补贴、贴息补助、保费补贴等资金，并鼓励有关金融机构提供金融服务，支持畜禽养殖者购买优良畜禽、繁育良种、防控疫病，支持改善生产设施、畜禽粪污无害化处理和资源化利用设施设备、扩大养殖规模，提高养殖效益。

30. 国家支持沼气发电以及生物天然气的政策有哪些？

2016年，国务院《"十三五"控制温室气体排放工作方案》中提出，要因地制宜建设畜禽养殖场大中型沼气工程；国务院《"十三五"国家战略性新兴产业发展规划》中鼓励利用畜禽粪污、秸秆等多种农林废弃物因地制宜实施农村户用沼气和集中供沼气工程。2017年，国务院《"十三五"节能减排综合工作方案》中提出要大力推动农作物秸秆、林业三剩物、规模化养殖场粪污的资源化利用，因地制宜发展各类沼气工程。

2017年，《国务院办公厅关于加快推进畜禽养殖废弃物资源化利用的意见》中提出要开展规模化生物天然气工程和大中型沼气工程建设。落实沼气发电上网标杆电价和上网电量全额保障性收购政策，降低单机发电功率门槛。生物天然气符合城市燃气管网入网技术标准的，经营燃气管网的企业应当接收其入网。落实沼气和生物天然气增值税即征即退政策，支持生物天然气和沼气工程开展碳交易项目。

2017年，中共中央办公厅、国务院办公厅印发《关于创新体制机制推进农业绿色发展的意见》，提出要落实好沼气、秸秆等可再生能源电价政策，开展尾菜、农产品加工副产物资源化利用。以沼气和生物天然气为主要处理方向，强化畜禽粪污资源化利用，依法落实规模养殖环境评价准入制度，明确地方政府属地责任和规模养殖场主体责任。

2021年，《农业农村部关于促进农业产业化龙头企业做大做强的意见》中提出畜禽粪污资源化利用整县推进、农村沼气工程、生态循环农业等项目，要将龙头企业作为重要实施主体，实现大型养殖龙头企业畜禽粪污处理支持全覆盖。

2022年，工业和信息化部、科学技术部、生态环境部印发《环保装备制造业高质量发展行动计划（2022—2025年）》，提出引导污水处理、流域监测利用光伏、太阳能、沼气热联发电，推广高能效比的水源热泵等技术，实现清洁能源替代，减少污染治理过程中的能源消耗及碳排放。

2022年，《国家发展改革委 国家能源局关于完善能源绿色低碳转型体制机制和政策措施的意见》中提出要完善规模化沼气、生物天然气、成型燃料等生物质能和地热能开发利用扶持政策和保障机制。

2022年，国务院印发《"十四五"推进农业农村现代化规划》，提出要加强农药安全使用技术培训与指导，加强农村沼气报废设施安全处置。

31. 养殖专业户、规模养殖场、大型规模养殖场界定标准是什么？

按照《重庆市农业农村委员会办公室 重庆市生态环境局办公室关于印发〈畜禽养殖专业户粪污资源化利用设施建设规范（试行）〉的通知》（渝农办发〔2019〕189号）文件规定，畜禽养殖专业户是指生猪（$20 \leqslant Q < 200$）、蛋鸡（$600 \leqslant Q < 6\,000$）、肉鸡（$12\,00 \leqslant Q < 12\,000$）、奶牛（$2 \leqslant Q < 20$）、肉牛（$4 \leqslant Q < 40$）、肉羊（$50 \leqslant Q < 500$）的养殖户（$Q$ 为畜禽常年存栏量），其他畜禽按存栏生猪当量换算后按"生猪"标准确定。存栏1头生猪为1个生猪当量，1个生猪当量相当于0.5头种猪、10头仔猪、25只鸭、25只鹅、25只兔，其他畜种参照相近畜种按采食量进行折算。

按照《农业农村部办公厅关于做好畜禽粪污资源化利用跟踪监测工作的通知》（农办牧〔2018〕28号）文件规定，重庆市畜禽规模养殖场是指设计规模达到如下标准的养殖场：生猪存栏量≥200头，肉牛存栏量≥40头，奶牛存栏量≥20头，蛋鸡存栏量≥6\,000只，肉鸡存栏量≥12\,000只，肉羊存栏量≥500只或年出栏量≥500只。

按照《农业部 环境保护部关于印发〈畜禽养殖废弃物资源化利用工作考核办法（试行）〉的通知》（农牧发〔2018〕4号）文件规定，畜禽大型规模养殖场是指设计规模达到如下标准的养殖场：生猪年出栏量≥2\,000头，奶牛存栏量≥1\,000头，肉牛年出栏量≥200头，肉羊年出栏量≥500只，蛋鸡存栏量≥10\,000只，肉鸡年出栏量≥40\,000只。

32. 《"十四五"全国畜禽粪肥利用种养结合建设规划》有哪些具体要求？

2021年，为推进农业绿色发展，改善农业生态环境，农业农村部、国家发展和改革委员会联合制定了《"十四五"全国畜禽粪肥利用种养结合建设规划》（农计财发〔2021〕33号）。

规划期限为2021—2025年，提出以畜禽粪肥还田利用为核心，促进畜禽粪污资源化利用，推进种养结合农牧循环发展，是提升耕地质量和防治农业面源污染的重要举措。习近平总书记强调，加快推进畜禽养殖废弃物处理和资源化，关系6亿多农村居民生产生活环境，关系农村能源革命，关系能不能不断改善土壤地力、治理好农业面源污染，是一件利国利民利长远的大好事。党的十七届五中全会提出，要深入实施藏粮于地、藏粮于技战略，加快推动绿色低碳发展，深入打好污染防治攻坚战。

规划中提出了建设目标：到2025年，全国畜禽粪污资源化利用水平进一步提升，粪肥还田利用取得阶段性成效，以粪肥还田利用为纽带的种养结合循环发展格局初步形成。到2025年，全国畜禽粪污基本实现资源化利用，设施装备达到发达国家水平，种养结合农牧循环格局全面形成。一是种养结合取得阶段性进展。到2025年，支持250个以上项目县整县推进建设畜禽粪污处理设施和粪肥还田利用示范基地，引领全国种养结合加快发展。二是畜禽粪污资源化利用水平稳步提升。到2025年，全国畜禽粪污综合利用率达到80%，项目县规模养殖场粪污处理设施装备基本配套，粪肥施用机械化水平稳步提高，粪肥还田利用监测体系初步建立。三是农业绿色发展支撑能力明显增强。到2025年，示范基地粪肥替代化肥比例达到30%以上，土壤有机质含量明显提升，减排固碳成效显著。

33. 《畜禽养殖场（户）粪污处理设施建设技术指南》发布时间及主要内容是什么？

2022年6月24日，为贯彻落实《畜禽规模养殖污染防治条例》《国务院办公厅关于加快推进畜禽养殖废弃物资源化利用的意见》《国务院办公厅关于促进畜牧业高质量发展的意见》等要求，指导畜禽养殖场（户）科学建设畜禽粪污资源化利用设施，提高设施装备配套和整体建设水平，促进畜牧业绿色发展，农业农村部、生态环境部联合制定了《畜禽养殖场（户）粪污处理设施建设技术指南》（农办牧〔2022〕19号）。

该指南从建设依据、术语与定义、基本要求、建设内容等方面制定了详细的标准和要求，明确了以推动畜牧业绿色发展为目标，按照畜禽粪污减量化、资源化、无害化处理原则，通过清洁生产和设施装备的改进，减少用水量和粪污流失量、恶臭气体和温室气体产生量，提高设施装备配套率和粪污综合利用率。重点围绕生产沼气、沼肥、肥水、堆肥、沤肥、商品有机肥、垫料、基质等以资源化利用为目的的处理方式，兼顾作为场内生产回冲用水、农田灌溉用水和向环境水体达标排放等处理方式，规范建设标准，科学建设畜禽粪污处理设施设备，促进污染防治与畜牧业协调发展。

34. 猪当量的概念及其换算方法有哪些？

2018年1月，农业部印发了《畜禽粪污土地承载力测算技术指南》，其中参考发达国家养分综合管理的思路，首次提出了以畜禽粪污养分为基础的猪当量概念，根据不同畜种粪污中的氮磷养分含量，统一确定猪当量折算系数。畜禽粪污土地承载力及规模养殖场配套土地面积测算以氮养分供给和需求为基础测算，对于特殊区域，以磷养分供给和需求为基础进行测算。

《畜禽粪污土地承载力测算技术指南》规定，猪当量是用于衡量畜禽氮（磷）排泄量的度量单位，1头猪为1个猪当量。1个猪当量的氮排泄量为11kg，磷排泄量为1.65kg。

不同畜种猪当量按存栏量折算：100头猪相当于15头奶牛、30头肉牛、250只羊、2 500只家禽。生猪、奶牛、肉牛固体粪便中的氮占氮排泄总量的50%，磷占80%；羊、家禽固体粪便中的氮（磷）占100%。

35. 《财政支持做好碳达峰碳中和工作的意见》对畜禽粪污资源化利用有何推动作用？

为贯彻落实党中央、国务院关于推进碳达峰、碳中和的重大战略部署，财政部印发了《财政支持做好碳达峰碳中和工作的意见》（财资环〔2022〕53号），《财政支持做好碳达峰碳中和工作的意见》立足当前发展阶段，以支持实现碳达峰、碳中和为侧重点，提出综合运用财政资金引导、税收调节、多元化投入、政府绿色采购等政策措施做好财政保障工作。

在此背景下，优化饲草资源配置和布局、加强减排关键技术或设备研发、积极实施绿色能源替代工程，实现畜禽养殖碳减排，促进畜牧业低碳发展显得尤为重要。目前，畜牧业的碳排放来源主要包括饲料作物、动物本身及其排泄物、肥料生产、常规农业生产活动四大方面，碳排放量占比分别为40%、32%、14%、14%。在所有动物性食品中，牛肉和牛奶生产是畜牧业碳排放的主要来源，碳排放量分别占畜牧业碳排放总量的41%和20%。随着我国肉蛋奶消费需求的持续增长，温室气体的排放量也不断提升，我国实现畜牧业碳达峰、碳中和的压力较大。因此，畜牧业将围绕低消耗、低排放、高效率的低碳化转型发展。

第一，要优化饲草资源配置和布局，减少饲料作物碳排放至关重要。加强禾本科羊草、燕麦草等其他饲草资源的开发利用，实现"牧草替粮"与"草饲互补"齐头并进；同时，利用饲料间的组合效应，挖掘秸秆等副产物的营养价值，缓解我国粗饲料资源短缺问题，促进饲草作物种植与草食动物养殖匹配发展，实现畜牧业低消耗、低排放、高效率养殖。第二，要加强减排关键技术或设备研发，通过提供补充饲料或使用饲料添加剂等方式改变饲料组成，提高饲草料转化率或控制草食动物瘤胃的肠道发酵活动，减少单位畜产品温室气体排放量，同时，实施化肥减量增效技术，提高牧草种植效率；加大畜禽粪污干湿分离技术的研发力度，根据不同区域不同气候研发适宜的堆肥技术和还田方式，从源头和循环利用上协同减少温室气体排放。第三，要积极实施绿色能源替代工程，在饲料加工环节，扩大清洁能源代替传统化石能源的比例，促进能源结构低碳转型，发展绿色加工模式。同时，在肉蛋奶消费环节，改善饮食结构，推行食物碳标签标志，引导低碳绿色消费行为。在废弃物处理环节，开展秸秆、畜禽粪污等废弃物处理工程，减少畜牧养殖过程中的温室气体排放。

36. 畜禽粪污处理及资源化利用设施设备农机补贴范围和依据是什么？

《农业农村部办公厅关于加快推进畜禽粪污资源化利用机具试验鉴定有关工作的通知》（农办机〔2018〕29号）中提出："加快提升本地区畜禽粪污资源化利用机具试验鉴定能力。对已有能力试验鉴定的机具，要创造条件，推进试验鉴定工作顺利开展；对尚不具备试验鉴定能力的机具，要增加投入，加快补齐试验鉴定能力。提升试验鉴定能力要与购机补贴分类分档、新产品补贴试点、技术推广等工作有效衔接。"将清粪机、粪污固液分离机、撒肥机、畜禽粪污发酵处理机、有机废弃物好氧发酵翻堆机、畜禽尸体处理机、有机废弃物干式厌氧发酵装置、有机肥加工设备、沼气发电机组、沼液沼渣抽排设备10种已有推广鉴定大纲的产品列为加快鉴定推广的畜禽粪污资源化利用机具。

《农业农村部办公厅关于进一步做好农机购置补贴机具投档与核验等工作的通知》（农办机〔2019〕7号）中提出，农业农村部将加大对购置畜禽粪污资源化利用机具的支持力度，在2018—2020年《全国农机购置补贴机具种类范围》中增加有机废弃物好氧发酵翻堆机、畜禽粪污发酵处理机、有机肥加工设备、有机废弃物干式厌氧发酵装置4个畜禽粪污资源化利用机具品目。同时鼓励农机新产品补贴试点品目数量尚不足3个的省份，选取废弃物料烘干机、增压沼液施肥设备和粪污罐等有助于畜禽粪污资源化利用的机具，开展新产品补贴试点，补足新产品试点品目数量。

农业农村部办公厅、财政部办公厅印发的《2021—2023年农机购置补贴实施指导意见》规定，将粮食、生猪等重要农畜产品生产所需机具全部列入补贴范围，应补尽补。将育秧、烘干、标准化猪舍、畜禽粪污资源化利用等方面的成套设施装备纳入农机新产品补贴试点范围，加快推广应用步伐。具体农机购置补贴机具中包括清粪机、粪污固液分离机、废弃物料烘干机、沼液沼渣抽排设备、有机废弃物好氧发酵翻堆机、有机废弃物干式厌氧发酵装置、畜禽粪污发酵处理机、沼气发电机组、有机肥加工设备等。

37. 我国畜禽粪污资源化利用现行标准体系有哪些？

我国畜禽粪污资源化利用现行标准体系见表1-1。

表1-1　我国畜禽粪污资源化利用现行标准体系

第一层级	第二层级	第三层级	标准号	标准名称	标准性质	目前状态
综合通用（7项）	通则	—	—	畜禽粪便产生量和特性标准	推荐性	已立项（行标）

（续）

第一层级	第二层级	第三层级	标准号	标准名称	标准性质	目前状态
综合通用（7项）	通则	—	—	畜禽粪污资源化利用通则	推荐性	计划
		—	—	畜禽粪污综合利用率核算方法	推荐性	计划
	术语	—	GB/T 25171—2023	畜禽养殖环境与废弃物管理术语	推荐性	已发布
		—	—	畜牧业温室气体管理术语	推荐性	计划
	监督	—	GB 18596—2001	畜禽养殖业污染物排放标准	强制性	现行
		—	NY/T 1167—2006	畜禽场环境质量及卫生控制规范	推荐性	现行
无害化处理（29项）	指标要求	—	GB/T 36195—2018	畜禽粪便无害化处理技术规范	推荐性	现行
	设施设备	处理设备	GB/T 28740—2012	畜禽养殖粪便堆肥处理与利用设备	推荐性	现行
			JB/T 14283—2022	立式堆肥反应器	推荐性	现行
			NY/T 1144—2020	畜禽粪便干燥机质量评价技术规范	推荐性	现行
		处理设备	NY/T 3119—2017	畜禽粪便固液分离机质量评价技术规范	推荐性	现行
			—	滚筒堆肥反应器	推荐性	已立项（行标）
		工程建设	GB/T 26624—2011	畜禽养殖污水贮存设施设计要求	推荐性	现行
			GB/T 27622—2011	畜禽粪便贮存设施设计要求	推荐性	现行
			NY/T 3023—2016	畜禽粪污处理场建设标准	推荐性	现行
			NY/T 3670—2020	密集养殖区畜禽粪便收集站建设技术规范	推荐性	现行
			—	畜禽粪污处理设施建设技术规范 第1部分：总则	推荐性	计划
			—	畜禽粪污处理设施建设技术规范 第4部分：堆沤肥设施	推荐性	计划
			—	畜禽粪污处理设施建设技术规范 第5部分：沼气发酵设施	推荐性	计划
			—	畜禽粪污处理设施建设技术规范 第6部分：厌氧贮存设施	推荐性	计划
			—	畜禽规模养殖场废弃物处理设施建设规范	推荐性	计划
		工程验收	NY/T 2599—2014	规模化畜禽养殖场沼气工程验收规范	推荐性	现行
	技术工艺	固体粪污处理	—	畜禽粪污固液分离设备作业技术规范	推荐性	计划
			—	粪便密闭式无害化处理操作规程	推荐性	计划
			NY/T 2374—2013	沼气工程沼液沼渣后处理技术规范	推荐性	现行
			NY/T 3442—2019	畜禽粪便堆肥技术规范	推荐性	现行

（续）

第一层级	第二层级	第三层级	标准号	标准名称	标准性质	目前状态
无害化处理（29项）	技术工艺	固体粪污处理	—	畜禽粪污沤肥技术规范	推荐性	已立项（行标）
			—	畜禽粪污异位发酵床处理技术规程	推荐性	已立项（行标）
			—	规模化养猪场粪污高床发酵技术规程	推荐性	已立项（行标）
		液体粪污处理	—	畜禽养殖液体粪污深度处理技术规范 第2部分：安全回用	推荐性	已立项（行标）
			—	猪场粪污栏下深坑贮存技术规范	推荐性	已立项（行标）
			—	畜禽养殖液体粪污深度处理技术规范 第1部分：总则	推荐性	计划
			—	畜禽粪水酸化贮存技术规程	推荐性	计划
			—	畜禽养殖液体粪污深度处理技术规范 第3部分：膜处理物理法	推荐性	计划
			—	畜禽养殖液体粪污深度处理技术规范 第4部分：膜处理生物法	推荐性	计划
	安全生产	—	—	—	—	—
粪肥利用（14项）	指标要求	限量指标	GB 38400—2019	肥料中有毒有害物质的限量要求	强制性	现行
			NY/T 1334—2007	畜禽粪便安全使用准则	推荐性	现行
			—	畜禽粪肥还田有害物质限量标准	强制性	已立项（国标）
		技术指标	NY/T 3877—2021	畜禽粪便土地承载力测算方法	推荐性	现行
	设施设备	—	—	—	—	—
	施用技术	固体粪肥还田	NY/T 3828—2020	畜禽粪便食用菌基质化利用技术规范	推荐性	现行
			GB/T 25246—2025	畜禽粪便还田技术规范	推荐性	2025年8月1日起实施
			—	床场一体化养牛技术规范	推荐性	已立项（行标）
			—	畜禽粪污资源化利用技术规范 第1部分：总则	推荐性	计划
			—	畜禽粪污资源化利用技术规范 第2部分：生猪	推荐性	计划
			—	畜禽粪污资源化利用技术规范 第3部分：奶牛	推荐性	计划
			—	牛羊养殖垫料生产技术规范	推荐性	计划
		液体粪肥还田	GB/T 40750—2021	农用沼液	推荐性	现行
			NY/T 2065—2011	沼肥施用技术规范	推荐性	现行
			NY/T 4046—2021	畜禽粪水还田技术规程	推荐性	现行

（续）

第一层级	第二层级	第三层级	标准号	标准名称	标准性质	目前状态
气体管控（14项）	温室气体恶臭气体	操作技术	—	畜禽养殖温室气体减排技术规范	推荐性	计划
			—	畜禽养殖臭气减控技术规范	推荐性	计划
			—	畜禽粪污发酵气体减排技术规范	推荐性	计划
		核算核证	NY/T 4243—2022	畜禽养殖场温室气体排放核算方法	推荐性	现行
			—	畜禽舍氨气排放量计算方法	推荐性	已立项（行标）
			—	畜禽粪污能源化利用温室气体减排核算方法	推荐性	计划
			—	畜禽养殖肠道甲烷减排核算方法	推荐性	计划
			—	畜禽产品全生命周期碳足迹核算方法	推荐性	计划
			—	畜禽养殖企业温室气体减排量核证方法	推荐性	计划
			—	温室气体排放核算方法与报告指南畜禽规模养殖企业	推荐性	已立项（国标）
			—	畜禽养殖气体排放量计算方法（总则）	推荐性	计划
			—	畜禽养殖气体排放量计算方法 第3部分：臭气（氨气之外）	推荐性	计划
			—	规模化畜禽养殖场氨气减排量核算技术指南	推荐性	已立项（行标）
			—	规模化畜禽养殖场氨排放控制技术指南	推荐性	计划
检测方法（40项）	粪污粪肥气体	采样方法	HJ 91.1—2019	污水监测技术规范	推荐性	现行
			HJ 905—2017	恶臭污染环境监测技术规范	推荐性	现行
			HJ/T 55—2000	大气污染物无组织排放监测技术导则	推荐性	现行
			HJ 1252—2022	排污单位自行监测技术指南畜禽养殖行业	推荐性	现行
			GB/T 25169—2022	畜禽粪便监测技术规范	推荐性	现行
			—	畜禽粪便还田利用养分追溯技术规范	推荐性	已立项（行标）
		测定方法	HJ 505—2009	水质 五日生化需氧量（BOD_5）的测定 稀释与接种法	推荐性	现行
			HJ 828—2017	水质 化学需氧量的测定 重铬酸盐法	推荐性	现行
			GB/T 11901—1989	水质 悬浮物的测定 重量法	推荐性	现行
			HJ/T 195—2005	水质 氨氮的测定 气相分子吸收光谱法	推荐性	现行
			HJ 535—2009	水质 氨氮的测定 纳氏试剂分光光度法	推荐性	现行
			HJ 536—2009	水质 氨氮的测定 水杨酸分光光度法	推荐性	现行
			HJ 537—2009	水质 氨氮的测定 蒸馏-中和滴定法	推荐性	现行
			GB/T 11893—1989	水质 总磷的测定 钼酸铵分光光度法	推荐性	现行
			HJ 671—2013	水质 总磷的测定 流动注射-钼酸铵分光光度法	推荐性	现行
			HJ 347.2—2018	水质 粪大肠菌群的测定 多管发酵法	推荐性	现行
			HJ 775—2015	水质 蛔虫卵的测定 沉淀集卵法	推荐性	现行

（续）

第一层级	第二层级	第三层级	标准号	标准名称	标准性质	目前状态
检测方法（40项）	粪污粪肥气体	测定方法	HJ 1262—2022	环境空气和废气臭气的测定 三点比较式臭袋法	推荐性	现行
			GB/T 24875—2010	畜禽粪便中铅、镉、铬、汞的测定 电感耦合等离子体质谱法	推荐性	现行
			GB/T 24876—2010	畜禽养殖污水中七种阴离子的测定 离子色谱法	推荐性	现行
			GB/T 32760—2016	反刍动物甲烷排放量的测定 六氟化硫示踪气相色谱法	推荐性	现行
			—	畜禽粪便中总氮测定方法	推荐性	已立项（行标）
			—	畜禽粪便中总磷测定方法	推荐性	已立项（行标）
			—	畜禽粪水中铜、锌、砷、铬、镉、铅、汞测定 ICP-MS检测法	推荐性	已立项（行标）
			—	畜禽粪便中铜、锌、砷、铬、镉、铅、汞测定 ICP-MS检测法	推荐性	已立项（行标）
			—	畜禽粪便中15类100种抗生素残留的测定 液相色谱-高分辨质谱法	推荐性	已立项（行标）
			—	养殖场污水中四环素类、磺胺类和喹诺酮类药物的测定 液相色谱-串联质谱法	推荐性	已立项（行标）
			—	畜禽养殖废弃物中磺胺类、四环素类和喹诺酮类的测定 高效液相色谱-串联质谱法	推荐性	已立项（行标）
			—	畜禽粪便好氧堆肥腐熟度检测技术规程-发芽指数法	推荐性	已立项（行标）
			—	畜禽粪污中氨氮测定方法	推荐性	计划
			—	畜禽粪污中钾测定方法	推荐性	计划
			—	畜禽粪污含水量测定	推荐性	计划
			—	畜禽粪污和粪肥中有机质测定	推荐性	计划
			—	畜禽粪污中挥发性固体测定	推荐性	计划
			—	畜禽粪污中总盐分测定方法（全盐量等）	推荐性	计划
			—	畜禽舍温室气体排放量测定方法	推荐性	计划
			—	畜禽粪污处理过程温室气体排放量测定方法	推荐性	计划
			—	反刍动物肠道甲烷排放测定 呼吸舱法	推荐性	计划
			—	反刍动物肠道甲烷排放测定 在线监测法	推荐性	计划
			—	畜禽粪污处理过程含硫恶臭气体测定方法 气相色谱-质谱法	推荐性	计划

38. 我国对于畜禽粪污资源化利用标准体系建设有什么要求？

《国家标准委 农业农村部 生态环境部关于推进畜禽粪污资源化利用标准体系建设的指导意见》是国家层面首次围绕全链条畜禽粪污资源化利用提出的标准体系建设指导意见。我国已经系统构建了畜禽粪污的收集、处理、利用和检测等资源化利用全链条标准体系，涵盖综合通用、无害化处理、粪肥利用、气体管控和检测方法5个子体系，按照术语、技术、工艺、设备、方法、安全等进一步细分，形成了15个分支体系。《国家标准委 农业农村部 生态环境部关于推进畜禽粪污资源化利用标准体系建设的指导意见》提出了标准制修订工作的重点。在综合通用方面，主要包括管理术语、畜禽粪污产生量、粪污特性、粪污综合利用评价等基础共性标准，是畜禽粪污资源化利用标准体系的基础支撑。在无害化处理方面，主要包括粪污处理技术规范、设施装备设计要求及安全生产要求等标准，重点是推动畜禽粪污有效处理成畜禽粪肥等相关标准的制修订。在粪肥利用方面，主要包括粪肥限量指标、技术指标和施用技术等标准，重点是推动畜禽粪肥科学有效还田利用、基质化利用等相关标准的制修订。在气体管控方面，主要包括温室气体和恶臭气体的减排技术规范、核算核证等标准，重点是推动畜牧业减少气体排放、科学计量气体排放总量等相关标准的制修订。在检测方法方面，主要包括畜禽粪污的采样和测定方法等标准，重点是推进畜禽粪污、畜禽粪肥和排放气体的成分检测等相关标准的制修订。

39. 我国现行针对畜禽粪污资源化利用的技术性文件和指南有哪些？

（1）针对土地承载力。2018年农业农村部发布了《畜禽粪污土地承载力测算技术指南》，规范了区域土地承载力和规模养殖场配套土地测算方法，并提供了计算公式和部分数据的推荐值。这个指南的发布，为调整区域布局和促进种养循环提供了强有力的指导作用。

（2）针对养分损失。2021年全国畜牧总站发布了《规范畜禽粪污处理降低养分损失技术指导意见》，提出通过低蛋白日粮配方、优化清粪、生物发酵床养殖、空气净化、液体粪污（覆盖、酸化）贮存、固体粪污密闭（沤肥、堆肥）、堆肥生物基除臭、液体粪肥覆盖式施用等技术，指导降低粪肥养分损失。

（3）针对处理技术。2022年全国畜牧总站发布了《规模以下养殖场（户）畜禽粪污资源化利用十大主推技术》，这十大主推技术是在全国45项实用技术、115个典型案例的基础上提炼出来的。分别是沤肥技术、反应器、堆肥技术、条垛（覆膜）堆肥技术、深槽异位发酵床、臭气减控技术、发酵垫料技术、基质化栽培技术、动物蛋白转化技术、贮存发酵技术、厌氧发酵技术。在重庆，因地制宜发布了固体粪便好氧堆肥技术、粪污肥料化利用技术、异位发酵床粪污处理技术3项主推技术，并且，经过科技工作者的努力，异位发酵床粪污处理技术已经升级迭代到第四代，成效喜人。

（4）针对设施建设。2022年农业农村部联合生态环境部发布了《畜禽养殖场（户）粪污处理设施建设技术指南》，重点围绕畜禽粪污处理和资源化利用的各个环节，规范建设标准。指南还提供了粪污日产生量、堆沤肥发酵周期等参考值，有极高的指导价值。

（5）针对安全生产。2023年8月30日，农业农村部畜牧兽医局印发了《畜禽养殖场（户）液体粪污贮存设施安全生产指南》和《畜禽养殖户液体粪污贮存设施安全操作明白纸》，围绕养殖场液体粪污贮存设施建设、运行和处置三个阶段的安全操作要点，聚焦防中毒、缺氧、淹溺，防火、防爆等关键环节，提出了操作要点，非常值得仔细学习掌握。

40. 根据区域特征、饲养工艺和环境承载能力的不同，不同区域分别推广哪些模式？

依据《畜禽粪污资源化利用行动方案（2017—2020年）》，不同区域推广模式如下。

（1）京津沪地区。该区域经济发达，畜禽养殖规模化水平高，但由于耕地面积少，畜禽养殖环境承载压力大，重点推广的技术模式：一是"污水肥料化利用"模式。养殖污水经多级沉淀池或沼气工程进行无害化处理，配套建设肥水输送和配比设施，在农田施肥和灌溉期间，实行肥水一体化施用。二是"粪便垫料回用"模式。对规模奶牛场粪污进行固液分离，固体粪便经过高温快速发酵和杀菌处理后作为牛床垫料。三是"污水深度处理"模式。对于无配套土地的规模养殖场，养殖污水固液分离后进行厌氧、好氧深度处理，达标排放或消毒回用。

（2）东北地区。包括内蒙古、辽宁、吉林和黑龙江4省份。该区域土地面积大，冬季气温低，环境承载能力和土地消纳能力相对较高，重点推广的技术模式：一是"粪污全量收集还田利用"模式。对于养殖密集区或大规模养殖场，依托专业化粪污处理利用企业，集中收集并通过氧化塘贮存对粪污进行无害化处理，在作物收获后或播种前利用专业化施肥机械施用到农田，减少化肥施用量。二是"污水肥料化利用"模式。对于有配套农田的规模养殖场，将养殖污水通过氧化塘贮存或沼气工程进行无害化处理，在作物收获后或播种前作为基肥施用。三是"粪污专业化能源利用"模式。依托大规模养殖场或第三方粪污处理企业，对一定区域内的粪污进行集中收集，通过大型沼气工程或生物天然气工程，沼气发电上网或提纯生物天然气，沼渣用来生产有机肥，沼液通过农田利用或浓缩使用。

（3）东部沿海地区。包括江苏、浙江、福建、广东和海南5省份。该区域经济较发达、人口密度大、水网密集、耕地面积少、环境负荷高，重点推广的技术模式：一是"粪污专业化能源利用"模式。依托大规模养殖场或第三方粪污处理企业，对一定区域内的粪污进行集中收集，通过大型沼气工程或生物天然气工程，沼气发电上网或提纯生物天然气，沼渣用来生产有机肥，沼液还田利用。二是"异位发酵床"模式。粪污通过漏缝地板进入底层或被转移到舍外，利用垫料和微生物进行发酵分解。采用"公司＋农户"模式的家庭农场宜采用舍外发酵床模式，规模生猪养殖场宜采用高架发酵床模式。三是"污水肥料化利用"模式。有配套农田的规模养殖场，养殖污水通过厌氧发酵进行无害化处理，配套建设肥水输送和配比设施，在农田施肥和灌溉期间进行肥水一体化施用。四是"污水达标排放"模式。对于无配套农田养殖场，养殖污水固液分离后进行厌氧、好氧深度处理，达标排放或消毒回用。

（4）中东部地区。包括安徽、江西、湖北和湖南4省份，是我国粮食主产区和畜产品优势区，位于南方水网地区，环境负荷较高，重点推广的技术模式：一是"粪污专业化能源利用"模式。依托大规模养殖场或第三方粪污处理企业，对一定区域内的粪污进行集中收集，通过大型沼气工程或生物天然气工程，沼气发电上网或提纯生物天然气，沼渣用来生产有机肥，沼液直接农田利用或浓缩使用。二是"污水肥料化利用"模式。对于有配套农田的规模养殖场，养殖污水通过三级沉淀池或沼气工程进行无害化处理，配套建设肥水输送和配比设施，在农田施肥和灌溉期间，进行肥水一体化施用。三是"污水达标排放"模式。对于无配套农田的规模养殖场，养殖污水固液分离后通过厌氧、好氧进行深度处理，达标排放或消毒回用。

（5）华北平原地区。包括河北、山西、山东和河南4省份，是我国粮食主产区和畜产品优势区，重点推广的技术模式：一是"粪污全量收集还田利用"模式。在耕地面积较大的平原地区，依托专业化的粪污收集和处理企业，集中收集粪污并通过氧化塘贮存进行无害化处理，在作物收获后和播种前采用专业的施肥机械集中进行施用，减少化肥施用量。二是"粪污专业化能源利用"模式。依托大规模养殖场或第三方粪污处理企业，对一定区域内的粪污进行集中收集，通过大型沼气工程或生物天然气工程，沼气发电上网或提纯生物天然气，沼渣用来生产有机肥，沼液通过农田利用或浓缩使用。三是"粪污垫料回用"模式。对规模奶牛场粪污进行固液分离，固体粪便经过高温快速发酵和杀菌处理后作为牛床垫料。四是"污水肥料化利用"模式。对于有配套农田的规模养殖场，养殖污水通过氧化塘贮存或厌氧发酵进行无害化处理，在作物收获后或播种前作为基肥施用。

（6）西南地区。包括广西、重庆、四川、贵州、云南和西藏6省份。除西藏外，该区域其他5省份均属于我国生猪主产区，但畜禽养殖规模水平较低，以农户和小规模饲养为主，重点推广的技术模式：一是"异位发酵床"模式。粪污通过漏缝地板进入底层或被转移到舍外，利用垫料和微生物进行发酵分解。采用"公司＋农户"模式的家庭农场宜采用舍外发酵床模式，规模生猪养殖场宜采用高架发酵床模式。二是"污水肥料化利用"模式。对于有配套农田的规模养殖场，养殖污水通过三级沉淀池或沼气工程进行无害化处理，配套建设肥水贮存、输送和配比设施，在农田施肥和灌溉期间进行水肥一体化施用。

（7）西北地区。包括陕西、甘肃、青海、宁夏和新疆5省份。该区域水资源短缺，主要是草原畜牧业，农田面积较大，重点推广的技术模式：一是"粪污垫料回用"模式。对规模奶牛场粪污进行固液分离，固体粪便经过高温快速发酵和杀菌处理后作为牛床垫料。二是"污水肥料化利用"模式。对于有配套农田的规模养殖场，养殖污水通过氧化塘贮存或沼气工程进行无害化处理，在作物收获后或播种前作为基肥施用。三是"粪污专业化能源利用"模式。依托大规模养殖场或第三方粪污处理企业，对一定区域内的粪污进行集中收集，通过大型沼气工程或生物天然气工程，沼气用来发电上网或提纯生物天然气，沼渣用来生产有机肥，沼液通过农田利用或浓缩使用。

第二章　源头减量

第一节　源头减量概述

41. 什么是源头减量？

　　畜禽粪污由畜禽尿液、饲料残渣、残余粪便、冲洗水等构成，尿液和冲洗水占了绝大部分。养殖场污水的产生量主要受养殖场的规模、动植物的饮水方式、人工管理水平等多种因素的影响。不同的养殖场由于清粪方式的不同，用水量和污水排放量差异很大。畜禽养殖废水主要包含养殖冲洗时的粪、尿、残余药剂混合水以及部分生活污水，水质水量变化大、悬浮物多、有机物浓度高、氨氮浓度高、含有重金属和致病菌并有恶臭。大量悬浮物沉淀会使土壤孔隙堵塞，造成土壤透气、透水性下降；高浓度有机物及氨氮会使土壤养分失衡，导致土壤板结、盐渍化，消耗水体溶解氧，会引起水体发黑、变臭；畜禽饲料中常有的锌、铜等重金属则易在土壤中积累，导致土壤重金属超标，影响作物生长；畜禽排泄物带有的致病微生物、寄生虫卵通过水源或蚊蝇传播，易引起感染，甚至引发疫情；畜禽排泄物中的含硫有机物、含氮化合物等会产生硫化氢、氨气等恶臭气体，严重影响周边环境。

　　源头减量是指从源头上减少畜禽粪污的产生。而对于规模化畜禽养殖场源头减量是指采用新工艺、新技术、新材料、新设备等，从畜禽粪污产生的源头（如粪尿、冲洗水等）入手，尽量减少其产生和排放，实施总量减排的措施。从而降低后续畜禽粪污处理利用压力，减少畜禽粪污处理和资源化利用用地及资金投入。

42. 源头减量如何操作？

　　源头减量可从源头上减少畜禽粪污的产生，适用于畜禽养殖场（户）。源头减量需要注意以下三点：一是严格落实饲料使用规定，控制重金属残留量。利用低剂量的有机铜和有机锌代替高铜、高锌添加剂，可降低铜、锌等重金属元素的排放量。二是严格落实兽药使用规定，控制药物残留量。尽量使用低残留药物，可采用中草药替代部分抗生素，促进减抗替抗，严格执行禁用药物和休药期等有关规定。三是提高饲料消化率，降低排泄量。采用低蛋白日粮，控制氮磷的排泄量，推广使用微生物制剂、酶制剂等饲料添加剂和低碳低磷矿物质饲料配方，提高饲料转化率，降低养殖业排放量。四是新建圈舍应设计消毒剂专用排放通道，单独修建贮存池。

43. 源头减量有哪些具体措施？

一是雨污分流，减"雨水"。雨污分流是指养殖场分别建设雨水收集管网和污水收集管网，将雨水和污水分开收集，避免雨水进入污水系统。收集的雨水直接排到沟塘或农田灌溉，收集的污水集中处理，这样在雨季可以大大降低养殖场的污水产生量。养殖场舍外污水沟要用暗沟或铺设地下管道，明沟要加盖盖板，保证封闭良好，防止地表雨水流入，采用刮粪板工艺的养殖场，在刮粪板处分口上方也应设挡雨棚，防止雨水进入。畜禽栏舍内一般设置宽40cm、深20cm的漏缝沟。排粪水沟的坡降一般为5%，上面铺设水泥漏缝地板、铸铁漏缝地板等构件。设计畜禽栏舍时，排污沟全部改成暗沟。根据畜禽养殖的不同规模和方式，使用PVC（聚氯乙烯）塑料管，有效避免混入雨水。建设畜禽栏舍时，按就近直线原则设计粪水导流出水，场区尽量避免粪水绕圈，有利于粪水快速流入收集塘[1]。

二是干湿分离，减"冲水"。干湿分离是指养殖场采用干清粪或水泡粪工艺，对粪尿分开收集，减少对圈舍的冲洗用水。主要是针对养猪场，干湿分离可以降低处理成本，先干清，然后用极少量清水冲洗，洗车用的高压喷枪效果就很好。在家畜圈舍内设置单独的清粪通道，由侧门运出，进入堆粪场，堆积发酵进行无害化处理[2]。引导家畜规模养殖场改水冲粪为干清粪；蛋鸡舍可改刮粪板式清粪为履带式清粪，降低粪的含水率（图2-1）。

图2-1　干湿分离

①张健，2022. 畜禽养殖场实施雨污分流的要点[J]. 畜牧兽医科学（3）：138-139.
②张庆东，2014. 畜禽养殖污染防治探索[J]. 畜牧与兽医，46（5）：120-121.

　　三是饮污分离，减"饮水"。饮污分离是采取措施防止饮水跑、冒、滴、漏进入污水系统。饮水器类型和饮水器管理对污水排放量的影响较大，根据不同畜禽品种、生产阶段选择合适的饮水器，饮水器的安装高度和水压要符合相关规定。加强饮水设施管理，及时维修和更换损坏的管道、饮水器。笼养蛋鸡都用自动饮水器，水箱和饮水乳头必须安装牢固，每天必须检查饮水乳头的活塞口有无跑、冒、滴、漏，如有应及时修理或更换；每个饮水乳头下方安装1个集水杯，将少量滴漏的水收集好，或使其自然挥发干燥，或让鸡饮用；鸡舍内安装向饮水中加药的水桶，调节好水位，防止外溢和滴漏[1]（图2-2）。

图2-2　自动饮水器

44. 畜禽粪污的主要成分有哪些？

　　畜禽粪污主要由有机物、无机盐、微生物和重金属等组成，其中，有机物是畜禽粪污的主要成分，占总量的60%以上。有机物的主要成分包括纤维素、蛋白质、脂肪等，无机盐主要包括氮、磷、钾等，是植物生长的重要营养元素。微生物是畜禽粪污中的重要组成部分，包括各种有益微生物和致病微生物。重金属是畜禽粪污中的一种污染物，主要来自饲料和饮水[2]。畜禽粪污中还有纤维素、半纤维素、木质素、蛋白质及其分解成分、有机酸、酶等。

45. 什么是热性肥料、温性肥料和凉性肥料？

　　厩肥是由畜禽的粪便、垫料、饲料残渣等混合后堆积而成的肥料。按厩肥性质可

①吴寅芳，王耀君，唐顺其，等，2017.农村中小蛋鸡场污水控制技术[J].养殖与饲料（11）：28-29.
②王玮婕，张辰，2024.畜禽粪污资源化利用及养殖污染防治探究[J].北方牧业（1）：5.

分为温性肥料（如猪粪等）、热性肥料（如马粪、羊粪、兔粪、鸡粪等）、凉性肥料（如牛粪等）①。

热性肥料：分解时发热量大的畜禽粪肥。未充分发酵腐熟的有机肥料基本上都属于热性肥料。

凉性肥料：分解慢、发热量低、不产生高温的畜禽粪肥。

温性肥料：分解速度适中、产热温和、对土壤温度影响小的畜禽粪肥。

46. 家禽粪便（鸡粪、鸭粪、鹅粪、鸽粪等）中的氮主要以什么形式存在？

家禽粪便（鸡粪、鸭粪、鹅粪、鸽粪等）中的氮主要以尿酸的形式存在。尿素在微生物脲酶的作用下分解产生氨气。禽类的消化道短，消化率低，有20%～25%的营养物质不能被机体消化吸收而随排泄物排出体外，其中部分含硫蛋白质在温度和湿度适宜的条件下可被微生物分解，释放大量的氨气和硫化氢，从而污染圈舍内的空气。另外，圈舍空气中飘浮着大量粉尘，而粉尘上附着大量微生物，能够对粉尘中的有机物质进行不断的分解而产生氨气。圈舍通风换气不良也可导致氨气浓度的进一步上升。

降低饲粮中蛋白质的含量，提高蛋白质的利用率，将大大降低氮的排泄量，从而减少氨气的产生。在畜禽饲粮中使用合成氨基酸能够降低饲粮中粗蛋白质的含量，提高饲粮中氮的利用率，减少氮的排放，这样既可以节省天然蛋白质资源，又可以减轻集约化畜牧生产造成的氮污染。向饲粮中添加适量化学合成物质抑制脲酶的分解可减少氨气的产生。

47. 哪种畜禽粪污对改良盐碱地和重黏土有特殊效果？

从收集及实践情况来看，现在常用的畜类粪污以牛粪、羊粪、猪粪为主，禽类粪污以鸡粪为主。畜类粪污水分含量较高，禽类粪污有机质、氮、磷、钾及中微量元素含量较高。各地畜禽粪污肥效略有不同，主要与当地植被、土壤、粮食、喂食习惯等因素有关。资料显示：羊粪对改良盐碱地和重黏土有特殊效果。

在畜禽粪污中，羊粪是最为优秀的一种有机肥料，其有机质、氮、磷、钾含量是其他畜类粪污的2倍左右，特别是氮含量比其他畜禽粪污高，是一种比较有潜力的有机肥料。羊粪的水分含量相对较低，质松，对于使土壤疏松、改良土壤团粒结构、防止土壤板结有特殊的作用。冬天羊群进地、卧场对于使土壤疏松、增加有机质有良好的作用。

①刘峰，1999.常见有机肥料的种类及特点[J].山东农机化（4）：23.

48.哪种畜禽粪污的养分含量最高？

畜禽粪污含有丰富的有机质和各种营养元素，养分含量高低与饲喂的饲料有关，相同畜种的饲料营养配比不同，产生的粪污养分含量也会有差异。可以从动物的饮食结构上进行区分，通常情况下，食用草料的动物的粪污是没有食用粮食的动物的粪污养分含量高的，以常见的猪粪、牛粪、羊粪、鸡粪、鸭粪、鹅粪、鸽粪为例，其水分及养分含量如表2-1所示。

表2-1　常见畜禽粪污水分及养分含量

种类	水分（%）	有机质（%）	氮（%）	磷（%）	钾（%）
猪粪	81.5	15.0	0.60	0.40	0.44
牛粪	83.3	14.5	0.32	0.25	0.16
羊粪	65.5	31.4	0.65	0.47	0.23
鸡粪	50.5	25.5	1.63	1.54	0.85
鸭粪	56.6	26.2	1.10	1.40	0.62
鹅粪	77.1	23.4	0.55	0.50	0.95
鸽粪	51.0	30.8	1.76	1.78	1.00

根据正常营养水平和饲养条件下每头（只）动物（奶牛、肉牛、猪、羊、蛋鸡、肉鸡、鸭）在不同年龄阶段的平均粪污日产生量，估算出每头（只）存栏畜禽每日产生的粪污养分量（表2-2）。

表2-2　各种畜禽平均粪污日产生量及存栏畜禽每日产生的粪污养分量

畜种 分类	体重（kg）	畜禽平均粪污日产生量[kg／头（只）]	畜群结构（%）	加权体重（kg）	存栏畜禽平均粪污日产量[kg／头（只）]	每千克粪污养分含量（%） N	每千克粪污养分含量（%） P₂O₅	养分产生量（kg） N	养分产生量（kg） P₂O₅
奶牛	—	—	—	492.0	42.70	0.004 8	0.001 8	64.04	25.75
成年牛	650.0	56.30	52.9						
青年牛	450.0	39.00	18.0						
育成牛	300.0	26.00	19.1						
犊牛	100.0	8.70	10.0						
肉牛	—	—	—	387.0	23.39	0.005 1	0.003 8	37.01	29.20
屠宰牛或母牛	450.0	27.20	72.9						
育肥牛	300.0	18.10	15.9						
犊牛及架子牛	100.0	6.00	11.2						
猪	—	—	—	54.0	3.24	0.005 1	0.004 5	5.15	4.78
母猪或公猪	160.0	5.50	11.0						

（续）

畜种 分类	体重 (kg)	畜禽平均粪污日产生量 [kg/头（只）]	畜群结构 (%)	加权体重 (kg)	存栏畜禽平均粪污日产量 [kg/头（只）]	每千克粪污养分含量（%）		养分产生量 (kg)	
						N	P_2O_5	N	P_2O_5
生长育肥及后备猪	56.0	4.00	52.0	—	—	—	—	—	—
保育及哺乳仔猪	20.0	1.50	37.0						
羊	—	—	—	56.0	2.24	0.010 5	0.004 2	7.30	3.10
成年羊	65.0	2.60	70.0						
羔羊及育成羊	35.0	1.40	30.0						
蛋鸡	—	—	—	1.6	0.10	0.015 0	0.021 8	0.44	0.68
产蛋鸡	1.8	0.11	73.6						
育雏育成鸡	0.9	0.06	26.4						
肉鸡	1.3	0.10	—	1.3	0.10	0.015 0	0.021 8	0.47	0.72
鸭	2.0	0.12	—	2.0	0.12	0.008 9	0.010 9	0.33	0.43

　　从上述数据可以得出，由于动物体重有差异，禽类每年的粪污产生量及其粪污养分产量均低于其他动物，然而其单位重量的粪污养分含量却明显高于其他动物。禽类粪污中的N是P的0.7倍左右，大家畜为1.0～2.5倍[①]。鸡粪是养分含量最高的，是有利于养地的粪便。值得注意的是，鸡粪要经过彻底腐熟后变成有机肥料才能施入土壤中，防止腐熟不彻底给土壤和农作物带来病虫害。要根据不同畜禽粪污的特点，结合土壤情况来合理选用（图2-3）。

图2-3　堆码发酵的鸡粪

---

　　①陈微，刘丹丽，刘继军，等，2009. 基于畜禽粪便养分含量的畜禽承载力研究[J]. 中国畜牧杂志，45（1）：46-50.

49. 哪种畜禽粪污的含氮量高？

　　畜禽粪污是良好的有机肥料，由于畜禽饲料来源不同、配方不同，其养分含量也不同。氮肥是作物的生命元素，氮肥的主要作用是促进植株茎叶的生长，改善农产品的营养价值、促进增产。生产中要根据土壤情况及作物用肥需求区别对待、合理施用畜禽粪肥。

　　猪粪：猪粪养分丰富，氮含量为0.20%～2.34%，平均为1.1%，含量在1%～2%的猪粪占比为44.40%[①]。猪粪质地较细密，氨化细菌较多，易分解，肥效快，有利于形成腐殖质，改土作用好。猪粪肥性柔和，后劲足，属温性肥料。适用于各种作物和土壤，腐熟后的猪粪既可用于稻田、也可用于旱田，既可作基肥施用、也可作追肥施用。

　　牛粪：牛粪氮含量为0.28%～3.01%，平均为0.68%，含量低于1%的牛粪占比为66.60%，牛粪质地细密，水分含量高，通气性差，腐熟缓慢，肥效迟缓。牛粪中碳含量高、氮含量低，碳氮比大，施用时要注意配合施用速效氮肥，以防肥料分解时微生物与作物争氮。牛粪一般只作基肥施用。

　　羊粪：羊粪氮含量为0.7%，钙、镁含量较高。羊粪适用于各类土壤和各类作物，增产效果较好，腐熟后可作基肥、追肥和种肥施用。

　　兔粪：兔粪氮含量为2.3%，氮、磷含量比较高，钾的含量比较低。兔粪碳氮比小，易腐熟，施入土壤中分解比较快，在缺磷土壤上施用效果较好。

　　禽粪：禽粪养分含量比畜粪高，其中鸡粪的养分含量最高，鸡粪中氮的含量为0.37%～3.12%，平均为1.01%，含量低于1%的鸡粪占比为50%，高于2%的鸡粪占比为33.33%。禽粪分解过程中易产生高温。禽粪很容易招致地下害虫，且尿酸态氮不能被作物直接吸收利用，须经充分腐熟，禽粪最好作追肥施用。

50. 哪种畜禽粪污的吸水性最强？

　　通过采集牛粪、猪粪、鸡粪等的鲜样，对其水分特征、固体形态等性质进行了分析，根据研究结果可知：单位重量牛粪样品吸水能力最强，可达7.14g/g（干重），其中，吸附态与毛细管形态水占比最高，占总水量的61.8%；猪粪与鸡粪单位重量吸水量分别为3.36g/g（干重）、4.62g/g（干重）。牛粪样品纤维、胶体含量分别为51.6%和3.4%，明显高于猪粪与鸡粪，牛粪样品CEC最高。分别对牛粪进行纤维素酶处理（降低纤维含量）、酸处理（改变CEC）、去除胶体处理，测定水分特征曲线，结果表明纤维含量、胶体含量及CEC与吸水能力有一定的正相关性[②]。

　　①张卫艺，曹子薇，直俊强，等，2023.北京规模化养殖场畜禽粪便中养分、重金属和抗生素含量分析[J].畜牧与兽医，55（4）：41-49.
　　②费辉盈，常志州，王世梅，等，2006.畜禽粪便水分特征研究[J].农业环境科学学报（S2）：599-603.

51. 哪种畜禽粪污对土壤伤害最大？

畜禽粪污作为作物良好的有机肥料，被微生物分解后为土壤提供了适宜的腐殖质，有助于改善土壤的结构和肥力，促进作物的生长。但是如果畜禽粪污施用过多，或者处理不当后施用，就会对土壤造成破坏。畜禽粪污中含有大量的钾盐和钠盐，会使土壤的微孔减小、通透性降低，影响作物的生长。畜禽粪污中含有的重金属、抗生素随着有机肥的施用，转移到土壤中，破坏土壤的微生态平衡，在作物的可食用部位集聚进入食物链，进而对人类健康产生危害。调查显示，我国鸡粪中的Zn、Cu、Cr、Cd的超标率为21.3%～66.0%，猪粪中的超标率为10.3%～69.0%，牛粪中的超标率为2.4%～38.1%。研究指出，在我国农田土壤中，69%的Cu和51%的Zn来自畜禽粪污。抗生素在猪粪中的残留量较高的是土霉素和金霉素，分别为20.94mg/kg和15.26mg/kg。研究指出，猪粪的长期使用会增加土壤的抗生素抗性，随着施用时间的增加，抗生素残留量增大。由此可见，畜禽粪污中的重金属和抗生素会对土壤造成严重的污染。

不同类型畜禽粪污的重金属含量测定结果表明，Cu、Zn含量均是猪粪＞鸡粪＞牛粪，而且均是Zn＞Cu，不同类型畜禽粪污中的重金属形态分布测定结果表明，3种类型粪污中Cu的形态分布规律略有差异，鸡粪和猪粪中均为有机结合态＞残渣态、铁锰氧化物结合态＞碳酸盐结合态、可交换态，牛粪中为残渣态＞有机结合态＞铁锰氧化物结合态＞碳酸盐结合态、可交换态。鸡粪和猪粪中，有机结合态Cu和残渣态Cu之和占Cu总量的60%以上，牛粪中占90%以上。

不同处理条件下土壤重金属Cu、Zn的形态分布和活性研究结果表明，土壤中重金属Cu、Zn含量较低时，施畜禽粪可提高重金属Cu、Zn的活性；土壤中重金属Cu、Zn含量较高时，施畜禽粪可使土壤重金属Cu、Zn的活性降低，但可交换态Cu、Zn的含量增加，碳酸盐结合态Cu、Zn的含量下降。

据张克强（2004）测算，饲养1只鸡、1头猪、1头牛每年所产生的粪尿、污水、臭气的污染负荷的人口当量分别为0.5～0.7人、10～13人、30～40人。

52. 哪种畜禽粪污具有驱虫作用？

以畜禽粪污作为原料制取防病杀虫剂，不仅效果好，而且对人畜安全无毒，不污染环境，原料易得，制作简便，经济适用。

兔粪防治地老虎、金针虫等。兔粪含有丰富的氮、磷、钾，也是很好的杀灭地老虎的土农药，防治效率可达90%。用容器盛一份兔粪，加8～10倍水，盖好沤制。经过半个月后，将兔粪水浇到农作物根旁8～10cm处即可，既可以当肥料，又可以防治地老虎。

鲜牛尿防治病虫害。每公顷菜地用鲜牛尿450kg，加水450～600kg喷雾，防治蚜虫效率高达95%；每公顷稻田用茶籽饼30～35kg，捣碎成粒状，放入木桶内加370kg

水浸泡12h，再加鲜牛尿25～30kg，于晴天8：00—10：00喷施，连续施用2～3次，能防止稻瘟病的发生。

羊粪防治病虫害。每公顷地用羊粪滤液450kg，防治瓜类白粉病，效果为80%～90%。小麦抽穗初期，可用羊粪滤液防治蓟马，每公顷用羊粪滤液250～300kg，杀虫效果为80%以上；每公顷用羊粪滤液300kg喷施，防治高粱蚜虫效果为95%以上。

分别将羊粪和兔粪按（1：4）～（1：6）的比例加水混合好，分别放置在水泥池或粪池里沤制贮藏15～20d。使用时在兔粪肥液中加50%的水，搅拌均匀后涂在瓜菜根部，可防治地老虎、蛴螬等地下害虫。每公顷用300～450kg兔粪和羊粪滤液喷洒，防治棉田红蜘蛛效果为90%。

将羊粪液或兔粪液用于防治鸡虱子、鸡蜱子、蝓蚜等也有较强杀伤力[1]。

第二节　饲料减量技术

53. 饲料减量如何操作？

近年来，随着居民收入的增加，肉蛋奶等畜产品的消费增加，我国畜禽饲养规模不断扩大，对饲料粮的需求持续增长。在粮食进口量居高不下、价格持续上涨的背景下，"加强饲料粮减量替代"逐渐被提上养殖业的日程。同时，为广辟饲料原料来源，提升利用水平，构建适合我国国情的新型日粮配方结构，保障原料有效供给，全国动物营养指导委员会提出了猪、鸡饲料中玉米和豆粕的减量替代技术方案[2]。饲料减量的总原则是"提效减量，开源替代"，即在需求端压减饲料原料用量，提高养殖效率，减少饲料浪费，在供给端增加饲料原料替代资源供应，提高饲料转化率，降低对粮食性饲料的依赖[3]。

具体方法是大力推广玉米豆粕减量替代技术，充分发掘利用本土饲料资源，推动饲料配方结构多元化，采用生物发酵或体外酶解等方式处理杂粮和糟渣类副产物等低值原料，降解抗营养因子，增加有益微生物、有机酸和酶类，提高饲料原料的转化率，从而构建新型日粮配方结构[4]。在我国主要畜禽饲料配方结构中：能量饲料原料占比一般为65%，其中玉米占50%～55%；蛋白饲料原料占比一般为30%，其中豆粕占15%～20%。目前，对于玉米，国内正推动使用小麦、大麦、高粱、稻谷、米糠等，配合使用酶制剂等添加剂，实现替代玉米。2022年7月，饲料企业生产的配合

①满红，2006. 人畜粪尿可防病治虫[J]. 农村百事通（20）：37.

②农业农村部，全国动物营养指导委员会，2021. 猪鸡饲料中玉米和豆粕的减量替代技术方案[J]. 四川畜牧兽医，48（6）：42-45.

③王旭，2022. 构建饲料粮减量替代新格局[J]. 中国畜牧业（20）：19.

④佚名，2021. 农业农村部制定发布饲料原料营养价值数据库和饲料中玉米豆粕减量替代技术方案[J]. 北方牧业（9）：19.

饲料中玉米用量占比为30.3%，而2017年，配合饲料中玉米用量占比为52%。对于豆粕，大力推广高品质低蛋白日粮，用其他杂粕、非蛋白氮替代豆粕。2022年7月，饲料企业生产的配合饲料和浓缩饲料中豆粕用量占比为15.6%，而2017年豆粕用量占比为17.9%。从"饲料产量、肉蛋奶产量增加，但玉米豆粕用量占比下降"这一显著对比中可以看出，近年来饲料减量是有成效的[①]。

54. 什么是氮、磷减量技术？

随着我国规模化养殖程度的不断加深，各类畜禽的饲养数量、每日产生的畜禽粪污等养殖废弃物也越来越多，氮、磷等的排放量也随之升高。降低畜禽粪污中的氮、磷含量已成为保护生态环境的重要抓手[②]。

畜禽粪污中氮、磷排放量的多少，不仅与饲料中氮、磷的提供量有关，也与氮、磷的吸收利用率有关，还与畜禽粪污的处理方式有关。饲料中合理的能氮平衡及适宜的氨基酸比例可以提高畜禽对氮的吸收利用率，降低畜禽粪污中氮的排放量；而饲料中合理的钙磷比及较高的有机磷占总磷的比例将提高畜禽对磷的吸收利用率，减少磷的排放。科学制定饲料配方，实现精准化饲养，在饲料中添加酶制剂等方法也可以提高饲料消化利用率，降低氮、磷排放量[③]。

另外，好氧、厌氧微生物处理沼液的方法也可以降低沼液中氮、磷的含量。有研究表明，沼液开放式贮存50d以上时，氮、磷的含量会显著下降[④]。除此之外，还有利用粉煤灰、活性炭、沸石等材料吸附沼液中氮、磷的方法以及在沼液中培养微藻吸收氮、磷生产生物柴油的方法，这两种方法虽然均有一定局限性，但克服了某些技术瓶颈之后，未来的应用前景也会较为广阔[⑤]。

总的来说，氮、磷减量技术就是从源头上进行饲料组分优化与氮、磷减量，中段实施粪污还田与生物处理控制技术，末端全面开展土壤及水体负荷计算、氮磷监测、污染物迁移转化研究等，切实保障畜禽养殖业与环境质量的协同良性发展[⑥]。

55. 畜禽粪污中的氮、磷、钾如何对环境造成污染？

畜禽粪污是畜禽养殖业的主要副产物，畜禽粪污中含有丰富的有机物和氮、磷、

---

①邵海鹏，2022.加强技术研发推动饲料粮减量替代 [J]. 中国食品（21）：110-111.

②贾玉川，2020.大庆市猪场粪便处理过程中氮、磷变化规律及畜禽土地承载力分析 [D]. 大庆：黑龙江八一农垦大学.

③王云洲，2018.规模化奶牛场氮、磷减排技术 [J]. 农民科技培训（7）：29-31.

④杨子森，程彩虹，张亚强，等，2021.畜禽粪污沼液肥料化利用及优化途径 [J]. 中国畜牧业（18）：28-30.

⑤李恒，张洛宁，余依凡，等，2018.畜禽粪污沼液氮磷处理技术研究进展 [J]. 水处理技术，44（8）：17-20.

⑥钟兴，蒋隆，杨海红，等，2022.国内外集约生猪养殖粪污处理技术对比研究及启示 [J]. 武汉纺织大学学报，35（3）：81-86.

钾等养分，同时也能供给植物所需的钙、镁、硫等多种矿物质及微量元素，满足植物生长过程中对多种养分的需要，是植物重要的养分资源，同时畜禽粪污中的氮、磷、钾也是导致环境污染的重要因素。

畜禽粪污中的氮、磷、钾主要通过以下几种途径对环境造成污染：一是大量的畜禽固体粪便在堆放和发酵过程中会产生大量易挥发的氨气和臭气造成大气污染。二是畜禽养殖生产中不恰当的粪便贮存和田间运输，造成氮、磷、钾进入土壤和水体，对土壤和水环境造成污染，臭气散发到大气中造成大气污染。三是畜禽粪污被作为肥料施用后，其中的氮、磷在被植物吸收前被雨水从耕地中淋洗，对土壤和水环境造成污染。四是过量施用畜禽粪污，其中的氮、磷、钾不能被土壤完全降解或腐化分解，产生的亚硝酸盐等有害物质会使土地失去生产价值，造成农作物减产与农产品质量下降。而且大量的磷通过径流进入水体，造成水体的富营养化，严重污染水体。五是施用未经充分处理的畜禽粪污，致使植物无法利用氮、磷、钾等营养元素，造成大气、土壤和水环境的污染。

56. 如何提高氮、磷、钾肥的有效利用率？

肥料是作物的粮食，施肥是作物高产的保证，但是，化肥施用不当和施用过量，不但造成浪费，而且会导致环境污染和农产品品质下降，进而影响人体健康。我国是农业大国，因此，化肥施用量也比较大，提高肥料有效利用率，减少化肥施用量、减少环境污染是农业发展的重要任务。

通过开展配方施氮、磷、钾肥试验，发现配方施肥与常规施肥相比，能改善作物经济性状，提高产量，提高肥料利用率。配方施肥处理的经济性状及产量明显高于常规施肥处理；配方施肥处理的产投比和施肥利润明显高于常规施肥处理；配方施肥处理的氮、磷、钾肥利用率明显高于常规施肥处理。

研究结果显示：单纯施用化肥（NPK、NP、NK、PK）处理的土壤pH呈下降趋势，其中NPK处理的土壤pH下降幅度最大也最明显，这表明化肥施用量越大越容易导致土壤酸化，而猪粪与化肥配合施用（CNPK）处理的土壤pH略有上升，表明有机肥和无机肥配施能防止土壤酸化。有机肥无机肥配施（CNPK）处理和氮磷钾配施（NPK）处理的土壤有机质、全氮和碱解氮含量均维持在较高水平，而不施肥（CK）处理和其他不平衡施肥（NP、NK、PK）处理的土壤有机质含量明显下降，有机质降幅最大的是PK处理，降幅达29.5%，不施肥处理的土壤有机质含量降幅达22.9%。可见，氮、磷、钾肥配合施用，特别是有机肥料与氮、磷、钾肥配合施用能维持土壤肥力，防止土壤退化。

57. 什么是饲料重金属减量技术？

畜禽粪污中的重金属元素主要来源于日粮中饲料原料和额外添加的微量元素。微量元素在维持动物的新陈代谢、生长发育、免疫功能等方面具有重要作用，是动物必需的重要营养物质。缺乏微量元素会导致生长发育停滞、神经和免疫系统损害等缺乏症。一般认为，饲料原料中含有的微量元素不能满足动物的需要，因此通常要在饲料中添加铜、铁、锰、锌、硒和碘。动物对微量元素尤其是无机微量元素的利用率不高，大部分微量元素随粪尿排出，其中铜和锌属于农用地土壤中限制排放的重金属元素，也是养殖业减量排放的主要目标元素。此外，场区频繁投放的灭蚊、灭蝇、灭鼠药物中重金属含量也较高。还有经常在场区使用的消毒药、治疗畜禽疫病用的兽药等重金属含量也较高，长期使用会在环境中蓄积。

饲料配方优化技术。以肉鸡饲料配方优化为例：不同生长阶段肉鸡及黄羽肉鸡铜和锌的需要量，合理确定铜、锌添加量，对不同阶段和性别的肉鸡和黄羽肉鸡进行分阶段和分群饲养，多方面降低日粮中的铜、锌添加量，减少其排泄量。与其他降低饲粮中的抗营养因子、提高动物生产性能和健康水平的功能性饲料添加剂（如益生菌、益生元和酶制剂等）配合使用，从而进一步降低饲料中的铜、锌添加量。

58. 畜禽粪污中的重金属的来源及危害是什么？

在畜禽养殖过程中，由于追求经济价值和防病的需要，普遍采用含有重金属元素的饲料添加剂，而畜禽粪污中的重金属含量与饲料中的重金属含量有直接的关系。重金属泛指密度在4.0g/cm³以上的约60种元素，其中还包括性质和毒性与重金属比较相似的非金属砷和硒。在环境领域，造成污染的重金属主要是指具有毒性或生物毒性较强的铜、锌、锡、锂、汞、砷、铅、镉等[1]。

来源：饲料及饲料添加剂是畜禽粪污中各类重金属最主要的来源[2]。降低饲料添加剂中的重金属含量，就能有效降低畜禽粪污中的重金属含量。铜可促进农作物生长，高浓度锌可预防腹泻；镉主要受饲料中的铬含量影响，在非污染区域饲料中镉的含量较低，相应粪便中的镉含量也较低，危害小；铜和锌在粪便中的排泄量占95%以上，畜禽对饲料中无机镉的吸收率仅为1%～3%，对有机镉的吸收率也仅为10%～25%。砷主要来源于农业上砷化合物杀虫剂和杀菌剂的使用，进入农作物体内作为畜禽饲料原料，一部分会通过畜禽粪便排出体外。

危害：在日常生产中，长期使用重金属含量高的粪污，可使土壤中的重金属等有毒物质大量增加，农作物生长受到抑制还会将这些元素富集，农作物中的重金属元素的浓度超过一定标准时会影响人类的健康，严重的可导致人畜中毒。

---

①郝秀珍，周东美，2007.畜禽粪中重金属环境行为研究进展[J].土壤（4）：509-513.
②刘荣乐、李书田、王秀斌，等，2005.我国商品有机肥料和有机废弃物中重金属的含量状况与分析[J].农业环境科学学报（2）：392-397.

59. 什么是猪饲料重金属减量技术？

随着我国养猪业的迅速发展和集约化程度的不断提高，部分重金属元素被作为饲料添加剂广泛使用，用于预防猪疾病和促进猪生长。研究表明：饲料中添加高浓度的铜能够提高猪的采食量和体重、促进猪体内酶的合成及调节激素水平，还有利于防治铜缺乏导致的关节受损、心血管系统和神经系统异常等现象。砷的添加能够抑制猪肠道有害微生物和寄生虫、加速蛋白质包括血红蛋白的合成、促进肠道对养分的吸收、使毛细血管舒张并改善皮肤营养；锌对于维持猪免疫器官的结构和功能具有重要作用；铬能够通过调节激素水平提高猪日增重和日采食量，还有利于提高猪肉品质。然而，某些养猪场的饲料中重金属的添加量远远超出猪的需要量，猪采食后，少部分重金属被吸收并蓄积在猪组织内，不易分解且易引起猪急性或慢性中毒，大部分重金属随猪粪便排出体外，以粪肥的形式被用于农田，最终通过食物链富集对人体健康产生危害。猪配合饲料中重金属含量的调查结果显示，锌、铜、砷的最大检出值超过国家标准规定最高添加量的17～35倍。猪饲料中高浓度的重金属会造成猪粪中的重金属残留，给其资源化利用带来很大的限制和风险。为实现规模化养猪场猪粪合理、安全的资源化利用：一是需要从源头上控制，建立科学合理的饲料营养体系，在猪的不同生长阶段，提供适宜重金属含量的日粮，研究和推广环保型饲料是未来饲料工业发展的必然趋势。环保饲料用有机态的生物复合微量矿物元素取代无机态的微量矿物质，不但可以起到促进生长和防治疾病的作用，还更加有利于环境保护。今后应加大环保饲料的科学研究力度，推广使用环保饲料。二是严格执行国家猪饲料重金属添加标准，完善饲料卫生标准和监测标准，《饲料卫生标准》（GB 13078—2017）建议增设铜和锌的最高限量标准，统一饲料重金属的限量标准，加快制定完善的规模化畜禽养殖场粪污中的重金属控制标准。三是积极寻找饲料的重金属添加剂替代品，同时开展饲料中重金属的生物有效性研究。四是进一步加强畜禽粪污中重金属形态转化技术的开发，为有机肥的安全施用提供保障。

60. 什么是肉鸡饲料重金属减量技术？

重金属具有一定的毒性，有害于人体和肉鸡，肉鸡饲料中的重金属成分主要包括锰、铅、镉、钴、汞等，其中铅在饲料中有时会被用作稳定剂，但其摄入过量会影响鸡的骨骼生长和神经系统发育，引起中毒。镉饲料容易引发镉污染，摄入过量会导致肉鸡食欲下降、生长发育受阻等。汞被广泛用于抗菌剂和防腐剂中，但长期摄入会影响肉鸡的神经、消化和免疫系统，影响其生长发育和繁殖能力。因此，为了保护肉鸡及人类的健康，肉鸡饲料中的重金属含量应控制在一定范围内。

应选择正规厂家生产的饲料和添加剂，同时注意查看生产日期和保质期等信息。

定期检测饲料中的重金属成分，及时发现问题并采取措施处理。根据国际《家禽饲料标准》（GB1T 5916）规定，最大容许残留量为铅1.5mg/kg、锌30mg/kg、铜40mg/kg、镉0.1mg/kg。保持饲料的新鲜度，避免霉变和变质。合理搭配饲料中的各种成分，避免其中任何一种元素浓度太高。采用益生菌群科技生产的饲料，帮助清除肉鸡体内有害残留物（包括抗生素、重金属等），并能产生天然的活性生物物质（如天然激素、酶、高抗氧化剂和天然抗生素），使肉鸡的肉质和营养得到大幅提升（图2-4）。

图2-4　量产的肉鸡配合饲料

61. 什么是蛋鸡饲料重金属减量技术？

蛋鸡对重金属的代谢能力较差，摄入过量会中毒。具体表现如下：①生长受阻。重金属会直接影响蛋鸡的生长发育，甚至使蛋鸡出现生长停滞的情况。②免疫力下降。饲料中的重金属会对蛋鸡的免疫系统造成损害，使蛋鸡更易感染疾病。③神经系统损伤。重金属会累积在蛋鸡的神经系统中，对蛋鸡的神经系统造成慢性损伤，并且会影响蛋鸡的行为和运动能力。④污染环境。过量的矿物元素和重金属元素随粪尿排出后，进入土壤和水体，严重污染环境，其中铜、锌为农用地土壤中限制排放的重金属元素，也是畜禽养殖业减量排放的主要目标元素。

确保蛋鸡维持较好生产性能，降低鸡粪中重金属含量，实现重金属减排。首先，需要确定蛋鸡适宜需要量，以免"过量超排"。一般情况下，产蛋期蛋鸡日粮中铜、锌适宜水平分别为15mg/kg和60mg/kg，根据《养殖饲料减排技术指南》推荐，不同生理阶段蛋鸡铜、锌适宜需要量不同。铜：0～8周8mg/kg，9～18周6mg/kg，19周—开产8mg/kg，开产—产蛋高峰（>85%）8mg/kg，高峰期后（<85%）8mg/kg。锌：0～8周60mg/kg，9～18周40mg/kg，19周—开产80mg/kg，开产—产蛋高峰（>85%）80mg/kg，高峰期后（<85%）80mg/kg。其次，应选择稳定性好、生物利用率高的有机微量元素。这样的有机微量元素生物学效价高，毒性小，安全性和适口性好，具有抗干扰、抗病、抗应激作用，可促进蛋鸡生长，提高蛋鸡产蛋性能，改善蛋鸡免疫功能，缓解蛋鸡应激反应，显著降低重金属使用量和鸡粪重金属排放量，是新一代理想的环保型微量元素添加剂。但其生产工艺复杂，生产成本较高。实际生产中有机微量元素的适宜添加量应根据生产目的（如生产富硒蛋）、养殖经济效益和生态效益综合评估后确定。多项试验结果表明，蛋鸡有机锌的生物学利用率约为无机锌的150%，有机铜的生物学利用率约为硫酸铜的110%。蛋氨酸微量元素螯合物替代无

机元素的适宜比例为50%。

62. 什么是抗生素减量技术？

为切实加强兽用抗生素综合治理，有效遏制动物源细菌耐药、整治兽药残留超标，全面提升畜禽绿色健康养殖水平，农业农村部制定了《全国兽用抗菌药使用减量化行动方案（2021—2025年)》，该方案要求畜禽养殖场（户）根据畜禽养殖环节动物疫病发生流行特点和预防、诊断、治疗的实际需要，树立健康养殖、预防为主、综合治理的理念，从"养、防、规、慎、替"五个方面，建立完善管理制度、采取有效管控措施、狠抓落实落地，提高饲养管理和生物安全防护水平，推动实现养殖场减抗目标。

（1）"养"，即精准把好养殖管理"三个关口"。把好饲养模式关，明确不同畜禽品种的饲养方式，精细管理饲养环境条件；把好种源关，有条件的应选取优良品种和品牌厂家的畜禽，要按批次严格检查检测苗种健康状况，防止携带垂直传播的病原微生物；把好营养关，根据畜禽不同阶段的营养需求，制定科学合理的饲料配方，保证营养充足均衡，实现提高畜禽个体抵抗力和群体健康水平的目的。

（2）"防"，即全面防范动物疫病发生传播风险。落实动物防疫主体责任，牢固树立生物安全理念，着力改善养殖场所物理隔离、消毒设施等动物防疫条件，严格执行生物安全防护制度和措施，按计划积极实施疫病免疫和消杀灭源，从源头减少病毒性、细菌性动物疫病等的影响。

（3）"规"，即严格规范使用兽用抗生素。严格执行兽药安全使用各项规定，严禁使用禁止使用的药品和其他化合物、停用兽药、人用药品、假劣兽药；严格执行兽用处方药、休药期等制度，按照兽药标签说明书标注事项，对症治疗、用法正确、用量准确，实现"用好药"。

（4）"慎"，即科学审慎使用兽用抗生素。高度重视细菌耐药问题，清楚掌握兽用抗生素类别，坚持审慎用药、分级分类用药原则，根据执业兽医治疗意见、药敏试验检测结果等，精准选择敏感性强、效果好的兽用抗生素产品；谨慎联合使用抗生素，能用一种抗生素治疗绝不同时使用多种抗生素；分类分级选择用药品种，能用一般级别抗生素治疗绝不使用更高级别抗生素，能用窄谱抗生素就不用广谱抗生素；增加动物个体精准治疗用药，减少动物群体预防治疗用药，实现"少用药"。

（5）"替"，即积极应用兽用抗生素替代产品。以高效、休药期短、低残留的兽药品种，逐步替代低效、休药期长、易残留的兽药品种。根据养殖管理和防疫实际，推广应用兽用中药、微生态制剂等无残留的绿色兽药，替代部分兽用抗生素品种，并逐步提高使用比例，实现畜禽产品生态绿色。

63. 畜禽粪污中的抗生素的来源及危害是什么?

（1）来源。畜禽粪污中的抗生素主要来源于两方面，一方面是用于动物疫病治疗的药物，另一方面则是饲料添加剂。分为注射用抗生素（治疗药）与饲料添加剂用抗生素（又称动物生长促进剂）。

（2）危害。我国畜牧养殖业中滥用抗生素的现象是非常普遍的，滥用抗生素产生的危害也非常严重，例如用错药、过量用药均会导致畜禽病情被耽误甚至死亡，而畜禽产品在体内残留抗生素没有充分降解的情况下就流通于市场，会对消费者身体健康产生影响。畜禽的排泄物进入环境中也会使环境中的细菌产生耐药性，具体表现为以下几个方面。

①对人和动物的危害。残留的抗生素存在于动物体内及其产品中，被人食用后会逐渐在人体内蓄积，随着蓄积量的增大，人体会出现慢性中毒现象，导致皮肤瘙痒、荨麻疹等疾病，严重者会发生畸变、癌变等。

②对畜牧业的危害。抗生素的滥用给畜牧业带来了极大的挑战，导致畜禽细菌耐药性增强，久而久之，畜禽免疫力下降，用药不治病的现象频发，甚至会产生超级细菌，使得畜禽久病不愈。如欧盟一些国家曾在20世纪90年代限制进口我国鸡肉，原因就是我国饲料中部分抗生素可能引发人类耐药性，已被欧盟禁用。这对我国畜牧业造成了极大影响。

③对生态环境的危害。动物体内的抗生素会随着其代谢产物如粪便等排出体外，当动物体内抗生素含量超标时，抗生素会随着其代谢产物进入土壤和水体，由于性质稳定且不易被分解，抗生素会对环境中微生物、动植物等的生长发育产生副作用，增强原生微生物的耐药性，从而危害人体健康。研究表明，施用畜禽粪肥的农田表层土壤中土霉素的检出率为93%、四环素的检出率为88%、金霉素的检出率为93%，其残留量也分别在检测限以下至5.172mg/kg和0.553 ~ 0.588mg/kg。

64. 如何实现抗生素的减量化?

（1）引导宣传。各级相关部门应加大对畜牧业饲用和兽用抗生素的监管力度，加大对饲料、兽医工作者的培训力度，做好专业技术人员下基层指导工作，争取做到每年对养殖户培训2 ~ 3次，普及更多更广泛的使用常识，让养殖户认识到正确使用饲料和保障食品质量安全的重要性，强化养殖户的社会责任意识，不要因一味追求经济利益和以提高治疗效果和动物快速成长为目的。通过定期培训、定期检查、及时报备等做好引导宣传，规范养殖户合理用药，避免畜禽产品在饲养环节出现药物残留现象。

（2）规范用药。大部分养殖户对如何用药一知半解，合理用药知识相对缺乏，因此，畜禽养殖户应根据兽医工作者的建议和动物的病症选择合适的抗生素类药物，及时做到对症下药和合理用药，尽量选择高效且无残留的药物。养殖户尽量不要擅自用药，要按照说明书要求用药，还要避免长期使用同一种药物导致畜禽产生耐药性；对于同一种药物，建议选择功效类似的其他药物，日常交替使用，切莫擅自加大用量。在药物使用过程中，要严格执行休药期规定，根据不同要求严格执行，确保食品安全。对于没有严格规定添加标准的抗生素，要根据动物的生长阶段和环境气候条件合理添加。最后，避免将人畜抗生素混用、共用，禁止将人用抗生素用在畜禽身上，做到规范用药。

（3）加强监管。各级监督管理部门应该加大对养殖户用药的管理力度，创新监督管理方式，加大排查力度，实施网格化管理，对每个养殖户进行登记，压实责任，落实到人。对于养殖环境和基础条件不合格的养殖户要予以规范引导，仍旧不合格的禁止养殖，提高养殖户的门槛。要做好防范工作，一旦出现问题能及时发现、迅速解决。加大抽查和检查力度，一经发现滥用明文禁用的药物要严厉查处，对养殖户进行批评教育并做好重点抽查监督管理工作。饲料生产企业、经销商及畜禽养殖者应该深刻认识到抗生素饲料对人体、动物、生态环境的影响和危害，自觉遵守法规，杜绝抗生素饲料及添加剂的使用，并做好监督举报工作。

（4）健全体系。为有效避免抗生素的滥用，必须从法律规定上进行整体把控。目前，我国的畜禽用药监控体系尚不完善，要结合我国抗生素使用的实际情况，制定适合我国国情的兽药残留标准以及抗生素残留标准。例如：鉴于滥用抗生素对人、动物和生态环境产生的不良影响，2020年6月，农业农村部发布了第307号公告，明确规定养殖户在日常生产自配料时，除农业农村部允许在商品饲料中使用的抗球虫药和中药类药物外，其他兽药一律不得添加，并提出了自配料的行为规范。这标志着从2021年1月1日起，我国全面进入饲料无抗时代。农业农村部结合我国实际国情在2020年发布了第194号文件，文中明确规定了自2020年12月31日起，我国市面上流通使用的饲料中不允许含有促生长类药物。该规定的出台在一定程度上能降低抗生素的不良影响（图2-5）。

图2-5　永川区畜牧渔业中心工作人员在兽药检查现场

65.什么是抗生素的替代技术？

目前，我国一些具有抗病促生长作用的饲用抗生素替代品已开始被应用于畜禽养殖业，并且取得了良好的应用效果。这些饲用抗生素替代品主要有微生态制剂、寡糖、抗菌肽、酶制剂、中草药制剂、酸化剂等。目前公认最有前途的就是微生态制剂产品。

（1）微生态制剂。微生态制剂是采用已知的有益微生物经培养、提取、干燥等特殊工艺制成的用于动物的活菌制剂。微生态制剂能参与调节胃肠道内微生态平衡、刺激特异性或非特异性免疫功能，有助于促进动物生长、提高饲料转化率、增强动物免疫功能、改善动物体内外生态环境。

（2）寡糖。寡糖又称寡聚糖、低聚糖，通常指糖单元通过糖苷键连接形成的直链或支链，聚合度为2～10的单糖基聚合物。寡糖种类很多，目前用作饲料添加剂的寡糖主要有果寡糖、半乳寡糖、甘露寡糖、大豆寡糖、异麦芽糖、木糖寡糖等。这些寡糖都属短链分支糖类，不能被单胃动物自身分泌的消化酶分解，但进入消化道后段可被肠道有益微生物消化利用，选择性地促进双歧杆菌、乳酸杆菌、链球菌等有益菌群的增殖。

（3）抗菌肽。抗菌肽是生物界广泛存在的一类生物活性多肽，具有抗病毒、抗真菌、杀灭寄生虫和原虫、抑制或杀伤肿瘤细胞等功能。因其抗菌谱广、作用时间短、无残留、在体内可降解等优点而被认为是抗生素的理想替代品之一，越来越受到人们的关注，其中易规模化发酵生产、种类多、结构独特、功能多样的微生物源抗菌肽更具优势。

（4）酶制剂。酶是一类由活细胞产生的具有催化生物反应能力的蛋白质，在生物体内广泛存在，饲用酶制剂是一种以酶为主要功能因子并通过特定生产工艺加工而成的饲料添加剂。饲料中酶的添加可补充动物内源酶种类和功能的不足，提高消化道中酶的浓度，强化消化功能，提高饲料利用率和生长性能；同时可以调节肠道微生态，减少消化道及粪便中养分残留量，抑制病原菌生长，对消化不良性腹泻有一定作用，同时也减轻了对环境的污染。

（5）中草药制剂、发酵中药。中草药作为饲料添加剂使用在我国早有记载，依据中医中药理论，进行科学组方配伍，是我国特有的中医理论与实践的产物。一般认为中草药饲料添加剂的有效成分主要有生物碱、甙类、挥发油、鞣质、糖类、氨基酸、蛋白质、酶、油脂、无机成分及色素等。糖类、甙类可显著增强机体的免疫能力；鞣质对绿脓杆菌、大肠杆菌、霍乱杆菌、白喉杆菌等常见细菌均有抑制作用；生物碱能够促进肠蠕动，使消化液分泌旺盛、动物食欲增加；有些中草药本身就含有丰富的蛋白质、维生素和矿质元素，有药效和营养双重功能。中草药制剂因来源广泛、价格低廉、安全方便、毒副作用小、无残留、不引起抗药性等优点而成为一种理想的饲料添加剂，在普通饲养条件下，将中草药制剂添加于日粮中，供动物食用或饮用，以预防动物疾病、加速动物生长、提高动物生产性能和改善畜禽产品质量。

微生物发酵中药突破性地将中药和益生菌有机结合，具有提高免疫力、促进动物生长等作用，是替代抗生素的理想饲料添加剂。它解决了中药吸收利用率低、成本高以及微生态制剂作用局限大、稳定性差、效果不突出等问题，同时将两者的优点集于一身，并起到互相增效的作用。

（6）酸化剂。酸化剂作为一种饲料添加剂，可降低动物胃肠道pH，调节胃肠道微生物菌群的结构，为动物提供最适消化道环境。

（7）其他抗生素替代品。随着科学技术水平的提高及在生产实践中的日趋应用，许多新型抗生素替代品如抗菌疫苗、卵黄抗体（IgY）、免疫球蛋白、噬菌体及其裂解酶、细菌致病力抑制剂等应运而生①（图2-6）。

图2-6 中草药制剂

第三节 养殖节水减量技术

66. 什么是饮水系统减量技术？

饮水系统减量技术是指合理量化畜禽饮水需求，通过有效控制饮水量来提高畜禽综合生产性能，从而节约饲养成本，提高水资源利用效率，实现可持续发展。猪群饮水量跟圈舍气温、圈舍环境、畜禽年龄、畜禽体重以及饲料结构有直接关系。畜禽饮水水质、水嘴数量以及饮水装置也会影响猪群饮水量。

根据饲养畜禽的种类和生长阶段安装专用饮水设备，猪舍宜采用鸭嘴式饮水器、杯式饮水器、水位控制器②和碗式饮水器③等节水饮水设备，牛舍宜采用自动节水饮水槽，鸡舍宜采用乳头式饮水器，鸭舍宜采用乳头式饮水器或节水杯式饮水器，避免畜禽戏水等造成水的浪费。①应选择产品质量合格、密封性好的饮水器，饮水器安装高度、角度适宜，保证畜禽正常饮水，并不因触碰而漏水，必要时在地面上加装踏板以满足个体较小畜禽的饮水需要，或加装漏水收集装置。②应安装水压调节设备，水线中水压和流速应符合所饲养畜禽的需要，水压不宜过高，防止饮水时滴水、漏水。

① 赵现彬，2005.饲用抗生素替代品的研究现状及应用效果[J].中国禽业导刊（14）：38-39.
② 佚名，2014.猪用饮水器介绍[J].甘肃畜牧兽医，44（1）：74.
③ 王海洲，2020.非规模畜禽养殖污染治理和粪污资源化利用技术简介[J].山东畜牧兽医，41（10）：42-44.

③饮水系统清洗用水应单独收集，避免流入清粪通道，收集后的清洗用水经沉淀过滤处理后可进行舍内冲洗等二次使用。④定期检查饮水器和储水设施，防止跑水、冒水、滴水、漏水。⑤猪舍水线适宜流速：保育猪250～500mL/min，生长肥育猪500～1 000mL/min，妊娠母猪、哺乳母猪、公猪1 000mL/min。鸡舍乳头式饮水器水线适宜流速：0～7d 20mL/min，8～21d 60～70mL/min，21d以上70～100mL/min，产蛋鸡、种鸡100～120mL/min（图2-7）。

碗式饮水器　　　　　　　　　　　　鸭嘴式饮水器

图2-7　生猪养殖场饮水器

67. 养殖场源头节水的设施设备有哪些？

养殖场应从饮水、粪污收集、降温等源头节水。主要设施设备主要有以下几种：

（1）饮水设施。

①碗（杯）式饮水器。一种以盛水容器（水杯）为主体的单体式自动饮水器，常见的有浮子式、弹簧阀门式和水压阀杆式等类型。浮子式饮水器多为双杯式，浮子室和控制机构放在两水杯之间。优点是可以节约用水，并且避免水直接流到地上导致猪舍潮湿。所以，如果想要减少猪场污水排放，碗（杯）式饮水器是很好的选择。另外，碗（杯）式饮水器可以有效避免饮水器划伤猪的嘴部，在水中添药时也更加方便，可以一定程度上降低用药成本。

②饮水控制器。将饮水控制器连接到水管上，利用虹吸原理实现自动出水。它配合饮水盆使用，能够保持饮水盆内恒定的水位，确保猪随时获得清洁、新鲜的饮水。饮水控制器能够根据饮水盆的水位变化自动控制出水，确保饮水盆内水位始终适宜，减少了人工调节的工作量。通过精确控制水位，饮水控制器能够减少水的浪费，实现节约水资源的目标。饮水盆内充足的饮水供应有利于猪的健康成长和养殖效益的提升。

（2）粪污收集设施设备。

①雨水沟。建明沟，将收集的雨水直接排到河塘或农田，将收集的污水集中处理，这样在雨季可以大大减少污水的处理量。

②污水沟。可砖砌明沟或铺设管道，砖砌明沟的建设成本一般比铺设管道的成本低，养殖场可以根据实际情况进行选择。砖砌明沟是明沟两侧及底部用水泥粉刷，防止污水外渗；明沟上面加盖盖板并将接口封堵，防止雨水和地表水流入；污水管道每隔一段距离设置一块可掀盖的盖板，这样污水管道有堵塞时可掀开疏通。铺设管道是铺设直径300mm以上的PVC管道，注意留有疏通口，方便管道堵塞时疏通。排水沟的断面为上宽下窄的梯形，上口宽0.3～0.6m，沟底有1%～2%的坡度，方便冲洗。

③漏缝地板。地板上有很多的缝隙，粪尿可以通过这些缝隙流入粪沟，地板上有少量残留可以用水冲洗。漏缝地板的板条宽度、缝隙要因猪的体重不同而有所不同，如22～45kg的仔猪，板条宽度一般为10～15cm，缝隙的距离为3cm左右（图2-8）。

图2-8 养殖场漏缝地板

④异位发酵床。每头存栏生猪粪污暂存池容积不低于0.2m³，发酵床建设面积不低于0.2m³，并有防渗防雨功能，配套搅拌设施。

⑤垫料饲养。将干草、稻壳、秸秆等铺放在畜禽生活区的地面上，用于吸收粪尿、漏水及饲料残渣等。

⑥固液分离机。利用机械装置的离心或筛网截留作用使悬浮固体物质与液体分离。

（3）降温节水设施。

①湿帘。湿帘是一种通过水的蒸发带走空气热量的降温设备，它通常不单独使用，必须与负压风机配合才能达到良好的降温效果，这种猪舍降温方法多在密闭的猪舍内使用。合理地使用负压风机与湿帘，可有效降低猪舍内的温度3℃左右。负压风机是目前养猪场应用最广的降温设备，一般在密闭的配种舍、妊娠舍、分娩舍使用（图2-9、图2-10）。

②雾化喷头。在舍内安装雾化喷头，通过高压清洗机的高压水作用使水雾化，利用雾化水蒸发来迅速降低舍内的温度，一般在温度高峰期间歇性使用。需要配合风扇或风机来使用，缺点是降温维持时间短，长时间使用会导致舍内湿度过高。一般可降温4～5℃。也可以在屋顶安装喷头，长时间使用效果也良好，但需水量比较大，用水紧张的猪场使用困难。

③水冷空调。水冷空调多用于密闭性不是很好的猪舍，通过输送大量凉风吹在猪的体表，凉风量很大、耗电量又低，是很多养殖人员科学的选择。

图2-9　养殖场湿帘

图2-10　养殖场负压风机

68. 什么是猪场饮水系统节水技术？

（1）猪场饮水系统主要构成。猪场饮水系统包括管网、饮水器和附属设备，引进猪群前先对养殖场水质进行检验，要确保水质安全和清洁，猪舍内部饮水装置要提前布局。

（2）需水量要求。不同猪群所用饮水器不同，需要根据实际情况来确定调节水压的设备，保证不同猪群有不同的饮用水压，不可以整个猪场采用同一套饮水系统。气温、饲料类型、猪的大小和生理状态等均对猪的需水量有重要影响。在舍饲条件下，1头带仔母猪每天需供给75～100L水，保育猪一般日饮水量在1～8L，需水量随着体重的增加而上升。育肥猪日饮水量通常在8～12L。母猪各阶段的饮水量变化很大，妊娠母猪的日饮水量在8～18L，哺乳母猪的日饮水量在14～45L，公猪的日饮水量在 8 ~ 12L[①]。

（3）饮水器选择。建议安装自动饮水器，猪场宜选择杯式自动饮水器，杯式自动饮水器密闭性好、耐用、出水稳定、水量足、不会溅洒、容易保持栏舍干燥、节水，逐渐成为规模化猪场的优先选择。碗式饮水器常用于产房中的哺乳母猪和仔猪，该饮水器便于仔猪饮水。鸭嘴式饮水器常用于公猪、妊娠母猪和育肥猪。乳头式饮水器常用于饲喂系统采用干湿喂料器的育肥猪。

（4）保持水压。保持适宜的水压是保证猪饮水量的基础。首先是水压太高易呛水，猪不敢久喝，导致饮水量不足，造成水的浪费；水压太低也可引起猪饮水量不足，特别是小猪。水塔或水箱的高低、饮水器的高低都可影响水压。其次是饮水器高低不合理，很多猪舍饮水器只有一个高度，养殖户以为这样大猪低头也能喝到，小猪仰脖也能喝到，喝水困难也会导致饮水不足和采食量下降。

（5）控制水速。6 ~ 10kg 体重猪的供水流速为0.5L/min，25 ~ 50kg 体重猪的供水流速为0.7L/min，50 ~ 90kg 体重猪和妊娠猪的供水流速为1.0L/min，哺乳母猪的供水流速以1.5L/min 为宜。

（6）加强管理。对整个饮水系统进行定期清洁和消毒，保证每天的储水量；对不同生长阶段猪群进行合理分群，以确保猪只随时喝到安全优质的饮用水。

69. 什么是鸡场饮水系统节水技术？

控制饮水量是节水技术的重要环节。通过合理规划饮水系统，确保水的有效利用，避免浪费。例如，可以采用自动饮水系统，按照鸡的需求定时定量供水。合理的饲养管理措施有助于实现肉鸡和蛋鸡养殖场的饮水系统节水。定期对饮水系统进行检查和维护，确保其正常运行。同时，根据季节和天气变化，调整饮水系统的运行时间和水量，以适应鸡的需求，尤其是在夏季，控制好舍内温度环境，可以有效降低饮水需求。加强对饲养人员的培训，提高其对饮水系统节水技术的认识和操作技能。通过科学的饲养管理，实现肉鸡和蛋鸡养殖场饮水系统的有效节水。

随着乳头饮水器的普及，肉鸡和蛋鸡养殖场由原来使用饮水壶的供水方式逐渐过渡为乳头饮水器供水方式，这一转变极大地减少了饮水产生的浪费，节省了水资源支出。不同日龄阶段的鸡对乳头饮水器的需求存在差异，且为了使鸡获得最舒适的饮水姿态，不同日龄阶段的饮水线高度调整也有相应的标准。研究发现，乳头饮水器高度对鸡饮水量存在明显的影响，太高或太低都会导致鸡饮水量减少，导致其采食量下降，影响其健康和生产性能的发挥，还会增加饮水时的浪费。在蛋鸡和肉鸡饲养期间，随着鸡的生长发育，其体高也随日龄的增加而逐渐增高，这就要求对饲养笼内的饮水线高度及时作出相应调整，以确保鸡舒适地饮水、减少浪费（图2-11）。

---

①赖建兵，潘卡丽，蒋永健，等，2023.数字化条件下的猪场饮水节水实践与探究[J].浙江畜牧兽医，48（4）：7-9，39.

图2-11　鸡养殖场乳头饮水器

70. 什么是牛场饮水系统节水技术？

（1）完善管理制度。对牛场饮水系统的管理制度进行完善，并加强技术升级，提高设备的运转效率。定期进行用水分析和水量统计，掌握用水量情况，及时发现问题并解决问题，科学合理地进行水资源的规划和调度。定期对设备进行检修和维护，保障设备的正常使用，避免因设备故障而导致的水浪费。

（2）提高水的利用效率。在水源方面，牛场可以采用多种手段，如收集雨水、利用废水、开发地下水源等。同时，还可以进行水质改良，如通过精密滤器、超滤、反渗透等技术，使水质达到宜用标准，避免浪费和污染。在用水方面，牛场可以逐步实施"精水细滴"原则，采用高效的节水设施，优化管道设计和布局，控制喷淋角度和高度等以提高水利用效率。此外，还可以使用冷却系统和通风系统，降低室内温度和湿度，降低牛对水的需求量。采用节水设备，引进高效节水型畜牧机械，如高效饮水器、喷淋设备、挤奶机等，以减少养殖过程中的水浪费。同时，淘汰落后的养殖设备，建立节水型养殖模式（图2-12）。

（3）优化饲料配比。科学合理配制饲料可以减少牛的饮水量。例如，增加饲料的湿度或添加合适的粗纤维成分，可以降低牛的饮水量。此外，合理搭配青草和谷物等不同种类的饲料，也能在一定程度上减少牛的饮水量。

图2-12　牛养殖场碗式饮水器

71. 怎么进行生产管理用水减量？

在养殖场的生产管理中，节约用水对于提高经济效益和保护环境具有重要意义。合理规划养殖场布局，尽量做到分区域管理，使每个区域都有充足的水源和饮水设施。在养殖场内部，要布置好水源、饮水设施和排水系统，确保各系统相互衔接，提高水的循环利用率。养殖场的绿化工作，设计合理的浇灌系统，采用滴灌、喷灌等节水灌溉方式，确保植物生长所需的水分，同时减少水分的蒸发和散失。在不同区域种植耐旱植物，以吸收水分、减少用水量。

推广节水设备。养殖场用水量较大的环节主要包括动物饮水、清洗消毒用水、生活用水等方面。在饮水上，推广使用自动饮水器，不仅能够减少饮水浪费，还能够降低饮水污染的风险。在畜禽粪污收集处理上，生猪养殖场可以采用漏缝地板，可以有效减少清洗用水，同时，对畜禽粪污进行干湿分离后，对废水进行处理和净化后可以循环利用，可达到节水的目的。在生活用水上，鼓励员工节约用水，提高水的利用效率。通过培训等方式增强员工的节水意识，使其在日常生活中养成节约用水的良好习惯（图2-13）。

提高水的循环利用率。如在水产养殖中推广使用水处理技术，开展循环水养殖，通过生物过滤、化学处理、物理过滤等方式有效地净化养殖水，去除废水中的有害物质，提高养殖水质，从而保证水产品的健康和安全。

图2-13 养殖场防疫洗消中心

72. 怎么进行冲洗水减量？

养殖场冲洗水用量过大是一个普遍存在的问题。为了减少水资源浪费和环境污染，养殖场需要考虑采取一些有效的措施来减少冲洗水的使用量。

改进饲料配方。选用低质量原料的饲料不宜使用，这类饲料容易引起动物腹泻，增加冲洗水的使用量。相反，应该选择高质量、易消化的饲料，以减少排泄物中的有害物质。确保饮水充足，保证每天的排泄物正常。不随意加大饲喂量，减少猪患病。

采用新型的养殖方式。采用立体养殖、笼养等养殖方式可以减少冲洗水的使用量。这些新型养殖方式可以将动物排泄物收集起来，进行集中处理，减少水资源的浪费。同时，根据不同动物品种和生长阶段的特点，合理调整饲养密度，以减少冲洗水的使用量。合理运用限位饲养，以防止过度饲养。

改进日常管理。保持养殖场的清洁和卫生，及时清理地面和设备上的污物，可以降低冲洗的频率和用水量。同时，合理通风，保持养殖环境的舒适度，也可以降低冲洗的频率。采用循环利用水的方式，在养殖场周围或内部建造沉淀池，将冲洗水引入沉淀池进行沉淀和净化，对净化后的冲洗水进行循环利用。使用节水设备，引入节水设备和器具，如高压喷枪、高效喷头、节水刷等，可以减少冲洗水的使用量。在自然条件适宜的地区，可以利用自然条件进行冲洗，如使用雨水或泉水等冲洗（图2-14）。

图2-14 养殖专业合作社冲洗设备

73. 怎么进行降温用水减量？

在养殖场，降温是一个重要的环节，它直接影响动物的生长和健康。为了实现降温用水减量，可以从以下几个方面入手：

（1）改善饲养环境。改善饲养环境可以有效地降低养殖场降温用水量。通过合理布局养殖舍，增加通风和遮阳设施，减少阳光直射，可以降低舍内温度，减少水的使用。同时，采用节能环保的设备，如新型通风设备、节能灯等，可以降低能源消耗，从而降低降温用水的使用量。还可以在圈舍周围种植树木、设置绿化带，起到遮阳作用，同时降低养殖密度、降低降温用水量。

（2）推广节水设备。推广节水设备是实现降温用水减量的重要手段。例如，采用高效喷头洒水器，可以精确控制水的喷射范围和力度，减少水的浪费。此外，研发和推广新型节水设备，如智能温度湿度控制系统等，可以有效降低降温用水的使用量。

（3）改善降温方式。在夏季高温情况下，减少用水喷淋、喷雾等降温方式，采用水帘或空调降温系统等节水降温方式。如果采用水帘降温，通过合理设计冷却水系统，可适当降低冷却水流量及循环时间，从而降低降温用水的使用量。定期检查水质，对降温用水资源进行循环利用。

（4）调整饲喂方式。在夏季高温情况下，少量多次饲喂，避免集中采食，同时避开在午间高温时间饲喂，减少动物产热，也能起到降温用水减量的效果（图2-15）。

图2-15　生猪养殖场湿帘

第四节　粪污收集减量技术

74. 常见的清粪方法有哪些？

养殖场的清粪方法是圈舍设计方法的重要组成部分，是决定养殖场能否高效运行的关键因素之一。好的养殖场清粪方法要满足以下四个原则：一是保持舍内地面清洁、干燥、防滑；二是尽量避免畜禽和工人暴露在臭气和粪污挥发的刺激性、有毒气体中；三是尽量少用人工，尽量减少收集、贮存、运输粪便的费用；四是遵守各级法规和政策。

目前国内的清粪方法可以分为干清粪法、水冲粪法、水泡粪法、发酵床法4种。

干清粪法是指对养殖场内畜禽排放的粪便进行机械或人工收集、清除，尿液及冲洗水则从排污道排出的一种清粪方式，最终使粪便和污水分离。可以有效地清除圈舍内的粪污，保持固体粪便的营养物质，提高有机肥肥效，降低后续污水处理的成本。

水冲粪法是20世纪80年代我国从国外引进的在当时较为先进的一种规模化养殖场粪污清理工艺。该工艺的主要目的是及时地、有效地清除圈舍内的粪污，保持圈舍环境卫生，降低粪污清理过程中的劳动力投入，提高养殖场自动化管理水平。

水泡粪法是指将圈舍内的粪、尿、冲洗和饲养管理用水一并排放至漏缝地板下的蓄粪池中，贮存一定时间（一般为1～2个月）后排出。

发酵床法是利用全新的理念，结合现代微生物发酵处理技术提出的一种环保、安全、有效的生态养殖方法。实现了养殖无排放、无污染、无臭气、彻底解决规模养殖场的环境污染问题（图2-16）。

图2-16　异位发酵床

75.什么是干清粪方法？

　　智能化养殖场干清粪工艺目前多采用漏缝地板+刮粪板机械刮粪清理，很多专家又将此工艺设计称为"重力干清粪"。在设计时，圈舍漏缝地板下的清粪池要有一定的坡度，两边高中间低，这样便于尿液自流到导尿沟，在导尿沟的两边设有挡粪栅栏，防止粪便进入导尿沟，导尿沟流入外面的沉淀池。在生产实践中，很多猪场采用"重力干清粪"工艺，该工艺在整个饲养期无水冲现象，全程不用清水，可以节约猪场用水，实现粪污无害化处理，具有推广价值。粪污依靠自身的重力离开猪舍进入清储池，在清储池内进行干湿分离和无害化处理，液体部分可通过沼肥管网直接输运到田间地头，实现粪污的资源化利用。固体部分添加生物发酵剂，搅匀，堆肥发酵（好氧发酵），制作有机肥，将有机肥还田，实现种养结合，具有较好的社会效益和经济效益。

　　人工干清粪设备简单，前期投入较低，适合小型养殖规模或是分散式的家庭养殖模式，但不建议在规模化养殖场使用；机械干清粪将粪污的固体和液体部分分开处理，使得畜禽废弃物的处理方式不再单一，同时减轻了后续处理工艺的压力，比较适合自动化生产要求相对较高的大中型养殖场，但目前我国生产的清粪机械在使用可靠性等方面还存在一定缺陷，故障发生率较高，而从国外进口的清粪机械由于设计标准以及投资费用较高，也并未得到养殖户的青睐，因此研发清粪机械和建立适合我国国情的机械清粪标准是目前亟须解决的问题。

76. 什么是水冲粪方法？

水冲粪是在水泡粪的基础上对处理技术的革新。主要目的是改善圈舍内的空气质量，采用的方法就是在原有装置的基础上添加了闸门和排气扇，以方便将产生的臭气排到圈舍外，改善圈舍内的空气质量。养殖场内排放的粪、尿和污水进入粪沟，通过自然流入或人工放水冲洗，粪水顺粪沟流入粪便主干沟后排出。该工艺可以及时地清除圈舍内的粪便、尿液，保持圈舍环境卫生，减少粪污清理过程中的劳动力投入。

水冲粪能够及时有效地清除圈舍内的粪尿，避免产生臭味和污染环境。这种处理方式不仅保证了圈舍的卫生环境、减少了疾病的发生，还有利于提高养殖业的生产效率和经济效益。水冲粪劳动强度小，劳动效率高。可以通过自动化设备实现冲洗和收集。水冲粪工艺虽然能较好地保证圈舍内清洁，减少病原物对畜禽和饲养人员的危害，但耗水量巨大，我国水资源相对短缺，因此该清粪工艺并不适合在大中型养殖场使用。同时，在固液分离后，大部分可溶性有机物及微量元素等留在污水中，污水中污染物浓度仍然很高，而分离出的固体养分含量以及肥料价值相对较低，可回收利用率低，污染物浓度大，污水处理设施投资大，不符合环保理念。

77. 什么是水泡粪方法？

原理：猪舍地面通常采用全漏缝结构。漏缝板床面通风、清洁、干爽，大幅提高了猪群的舒适性，有利于猪群的健康和生长。漏缝板下是蓄粪池，猪粪、尿及猪喝水时滴落的水都通过漏缝板汇集在蓄粪池内发酵，粪液表面的薄膜可阻挡部分臭味的挥发。蓄粪池粪水的排放和注水通常与猪群的全进全出相配合，进猪前先向池内注水，猪群进栏饲养一段时间后全部出栏，再对猪舍进行彻底清洁消毒，最后将经过发酵的粪水通过排污阀排出舍外，达到清除粪污的目的。粪水在蓄粪池内会发酵，会产生 H_2S、CH_4 和水蒸气等，必须及时排除，改善环境。

特点：水泡粪系统结构简单，相比于传统的堆肥方式，可以节省大量的空间。由于粪便被水稀释后可以迅速排走，不像传统堆肥那样需要大量的空间进行发酵。水泡粪工艺是一种相对节水的粪污收集技术，该工艺在畜禽粪污管理阶段投入相对较少，操作简单，具有节省人力的优点，许多猪场都在推广和探索水泡粪工艺，全国各地也已建成多家水泡粪模式的养猪场。同时，我国的机械干清粪等机械化、自动化的清理技术还处于发展阶段，水泡粪工艺受季节影响相对较小，是适合我国国情的畜禽养殖粪污收集工艺。但常因设计错误和管理不当而产生粪污排不干净、舍内空气污浊、温度时低时高等负面效果（图2-17）。

图2-17 全漏缝结构猪舍

78.什么是发酵床方法？

发酵床方法结合现代微生物处理技术，通过生物技术模拟野外活性物质自我转化形成超级活性环境，在超级活性环境中有益微生物菌群长期、持续、稳定地将垫料、畜禽粪污分解转化为有用物质和能量，发酵床垫料可作为有机肥使用。该技术模式在改变畜禽养殖粗、笨、重、脏、乱、差现象的同时，有效提高了养殖生产水平，实现了养殖粪污零排放、环境零污染。

生态发酵床养殖是根据建设标准在畜禽舍内铺上一层谷壳、秸秆、锯末等农副产物以及有益微生物菌种，然后把畜禽放在上面饲养。铺了垫料的栏舍就叫生态发酵床，将猪在上面饲养，就叫生态发酵床养猪[①]。

79.发酵床方法的发展史是什么？

发酵床的发展分为四个阶段：

一是原始粗放的"柴草垫圈"式养猪：农民用秸秆、草皮等材料作垫料，脏了再清理、清理完再垫，这是最原始、粗放的养殖模式。

二是厚垫料养殖技术：1992年开始，日本鹿儿岛大学研究人员进行了厚垫料发酵的土著菌和相关养猪技术的研究，建立了基本的技术规范。

---

①吴大安，夏伯勋，王颖欣，等，2020.生态发酵床在生猪养殖中的应用[J].湖北畜牧兽医，41（7）：26-28.

三是"湿式"发酵床技术：20世纪60年代开始，"湿式"发酵床技术在欧洲、美洲被应用，20世纪90年代传入我国，此时的发酵床是提前加水、圈舍外堆积发酵，还要加大量营养液、氨基酸、泥土、盐等辅料的发酵床，缺点是潮气重、易坏床、操作麻烦、垫料消耗太多。

四是"干撒式"发酵床技术：该技术只需发酵剂和垫料，干撒式操作，在运行中不需要持续添加营养液、水等，操作简单。

80. 人工干清粪与机械化清粪有何不同？

人工干清粪：用一些清扫工具、人工清粪车等进行作业，设备简单，无需电力，一次性投资少，粪尿分离便于后面的处理。

机械化清粪：可以降低劳动强度、节省人工、提高工效。机械清粪包括铲式清粪和刮板清粪，一次性投资较大，故障发生率较高，维护费用及运行费用较高[①]。

81. 畜禽粪污处理设施建设的技术要求是什么？

畜禽粪污处理设施建设的技术要求是畜禽养殖场应根据养殖污染防治要求和当地环境承载能力，配备与设计生产能力、粪污处理利用方式相匹配的畜禽粪污处理设施设备，满足防雨、防渗、防溢流和安全防护要求，并确保正常运行。交由第三方处理机构处理畜禽粪污的，应按照转运时间间隔建设粪污暂存设施。畜禽养殖户应当采取措施对畜禽粪污进行科学处理，防止污染环境。

82. 畜禽粪污处理设备有哪些？

畜禽粪污处理设备有雨污分流设施（雨污分离沟）、粪污暂存设施（集粪池）、液体粪污贮存发酵设施（沼液池、田间沼液池等）、液体粪污深度处理设施（集水池、曝气池、沉淀池、高效固液分离机、厌氧反应池、好氧反应池、高效脱氮除磷装置、膜生物反应器、膜分离浓缩装置、机械排泥装置、臭气处理装置等）、固体粪污发酵设施（干粪棚等）、沼气发酵设施（调节池、固液分离机、贮气设施、沼渣沼液贮存池等）设施设备。

①高娇，禹振军，熊波，等，2020.畜禽粪污机械化处理技术现状研究[J].农机科技推广（2）：23-24.

83. 猪场不同清粪技术的优缺点有哪些？

猪场清粪技术有水冲粪法、干清粪法、水泡粪法、发酵床法4种。

水冲粪法：优点是劳动效率高，缺点是用水量大、粪污产生量大。

干清粪法：优点是人工清粪设备简单、投资少，机械化清粪效率高、节省劳动力。缺点是人工清粪劳动量大、生产效率低，机械化清粪一次性投资大、费用高。

水泡粪法：优点是保持圈舍环境，节约劳动力，节约水。缺点是需配备相应的通风设施。

发酵床法：优点是节约水电、取暖费用，缺点是粪污要定期翻抛、清理，饲养密度小、生产成本高[①]。

84. 牛场清粪方式有哪些？

规模牛场的清粪方式主要有人工清粪、半机械清粪、刮粪板清粪、水冲清粪和"软床饲养"等。

人工清粪：人工利用铁锹、铲板、笤帚等将粪便收集成堆，人力装车运至堆粪场或直接施入农田，是小规模牛场普遍采用的清粪方式。当粪便与垫料混合或舍内有排尿沟对粪尿进行分离时，粪便呈半干状态，此时多采用人工清粪。由饲养员定期对舍内水泥地面上的牛粪进行人工清理，尿液和冲洗污水则通过牛舍两侧的排尿沟进入贮存池。人工清粪一般在奶牛挤奶或休息时进行，每天2～3次。

半机械清粪：使用专用清粪车辆、小型装载机进行清粪。目前，铲车清粪工艺运用较多，是从全人工清粪到机械清粪的过渡方式。

刮粪板清粪：新建的规模牛场主要使用刮粪板清粪，该系统主要由刮粪板和动力装置组成。清粪时，动力装置通过链条带动刮粪板沿着牛床地面前行，刮粪板将地面牛粪推至集粪沟中。

水冲清粪：牛圈采用漏缝地板，让牛粪尿直接排进贮粪池，节省劳动力，粪污量大，需要大量相应的配套土地。

"软床饲养"：在牛舍地面上铺设水稻秸秆或是锯末做成的垫料，垫料中添加生物制剂。牛排出的粪尿混合到垫料上后，生物酶素能迅速将其分解，大大降低臭味、氨气等对周围空气的污染。清理出来的牛粪则直接被送往粪便加工厂进行无害化处理，生产有机肥料[②]。

①高娇，禹振军，熊波，等，2020.畜禽粪污机械化处理技术现状研究[J].农机科技推广（2）：23-24.
②高功，2014.规模牛场粪污清理技术[J].农家致富（3）：46-47.

85. 肉羊养殖场清粪技术有哪些？

有两种技术：即时清粪和集中清粪。

即时清粪技术分人工清粪和羊床下机械清粪两种。人工清粪采用扫帚、小推车等简易工具清扫运出，特点是投资少、劳动量大。羊床下机械清粪是用刮粪板将粪便集中到一端，用粪车运走，适用于较长的羊圈，设备投资大、易损坏。

集中清粪技术分高床集中清粪和加垫料集中清粪两种。高床集中清粪池设于羊床下，高70～80cm，池底有一定坡度，尿液排至舍外，粪便自然发酵，用此法分离粪尿，集中出粪，有利于机械化清粪，投资较大。加垫料集中清粪不设羊床，经过垫料，让粪尿与垫料自然混合发酵，达到一定高度时，集中清理。此法节省劳动力，舍内空气质量较差，适合冬天在北方使用。

86. 肉鸡养殖场清粪技术有哪些？

肉鸡养殖场的生产技术不同，清粪技术也有所不同：

（1）网架式饲养模式肉鸡养殖场的清粪技术。鸡粪通过网架漏到接粪板或经硬化的地面，用刮粪机刮到传送带（或直接在网架下安装传送带），传送带末端接发酵罐入口，将粪便直接送入发酵罐，通过发酵罐发酵、灭菌、蒸干等一系列处理后可直接用作农家肥；未配备发酵罐的肉鸡养殖场可通过传送带将鸡粪装入鸡粪运输车辆，运往堆粪棚或第三方处理机构处理。

（2）地面垫料饲养模式肉鸡养殖场的清粪技术。肉鸡养殖周期短，且一般采取全进全出的饲养模式，中小型肉鸡养殖场多数采用地面垫料饲养的模式，垫料的选择及比例非常关键。①垫料品种的选择，选择垫料应以来源方便为主要原则，常用的有稻壳、刨花、锯末、甘蔗渣等，不论选择何种垫料，都必须满足新鲜、无灰尘、无霉菌、吸水力强等要求。②铺垫厚度，垫料厚度以10～15cm为宜，长度以10cm以内为好，注意垫平，厚度一致。③垫料湿度，垫料应保持20%～25%的含水量。饲养过程中及时清理板结的垫料，一批肉鸡出栏后，将所有垫料翻匀打包后，经静态堆集发酵或堆肥封闭发酵后用作农家肥。

87. 蛋鸡养殖场清粪技术有哪些？

蛋鸡养殖场尿液等污水产生量较小，目前，蛋鸡养殖场一般采取干清粪技术：在鸡笼下方安装传送带、接粪板或集粪池，分别采用传送带、刮粪机或人工干清的方式，将鸡粪直接送入发酵罐，通过发酵罐发酵、灭菌、蒸干等一系列处理后可直接用作农家肥，未配备发酵罐的蛋鸡养殖场可将鸡粪装入鸡粪运输车辆，运往堆粪棚，通过沤肥、条垛式堆肥（覆膜）、槽式堆肥等方式发酵后利用，或运往第三方处理机构代处理。

少数蛋鸡养殖场采用水冲粪、水泡粪的粪污处理技术，在鸡舍底部或出口处修建集粪池，接粪板上的鸡粪用水直接或通过排污沟冲入集粪池，水、粪、尿全部在集粪池中发酵后全量还田还土，或通过干湿分离机将水粪分离，污水通过管网还田还土，分离出来的干粪用作有机肥原料等。

88. 水禽（鸭、鹅）养殖场清粪技术有哪些？

水禽（鸭、鹅）粪污含水量高以及喜戏水的生活特性导致水禽养殖场污水产生量大，网架养殖的水禽养殖场进行干清粪的难度较大，往往以水冲粪、水泡粪为主，即在水禽舍底部或出口处修建集粪池，禽粪及污水通过网眼直接漏到集粪池或经硬化的地板上后用水冲入集粪池，水、粪全部在集粪池中浸泡发酵后全量还田还土，或通过干湿分离机将水粪分离，污水通过管网还田还土利用，分离出来的干粪用作有机肥原料和农家肥等。

近年来，垫料发酵床的水禽养殖模式也得到大力发展，即向稻壳、锯末、玉米秸秆、花生壳等加入菌种发酵后作为垫料，铺设于水禽舍地面，厚度不低于40cm，水禽直接在垫料上生活排便，7～10d翻动一次垫料，水禽粪污可以得到较好的降解利用。

89. 兔场清粪技术有哪些？

兔场一般采用干清粪的方式：①兔笼网架下面安置传送带，干粪通过传送带被送入堆粪棚或运输车，可通过沤肥、条垛式堆肥（覆膜）、槽式堆肥等方式发酵后利用，或运往第三方处理机构代处理，粪水则通过排污沟及管道进入沼气池或污水处理池发酵处理后还田还土利用。②兔笼网架下面安装接粪板，通过刮粪机将干粪刮入干粪堆积池或运输车，然后可通过沤肥、条垛式堆肥（覆膜）、槽式堆肥等方式发酵后利用，或运往第三方处理机构代处理，污水则通过排污沟及管道进入沼气池或污水处理池发酵处理后还田还土利用。③传统养殖模式下，可通过人工干清粪的方式，将干粪清理后，采用沤肥、条垛式堆肥（覆膜）、槽式堆肥等方式发酵后利用，或运往第三方处理机构代处理，粪水同样通过排污沟及管道进入沼气池或污水处理池发酵处理后还田还土利用。

第五节　粪污贮存减量技术

90. 粪污的贮存方式有哪些？

　　粪污的贮存设施可分为固体粪污贮存设施和液体粪污贮存设施。

　　固体粪污贮存设施主要指贮存干清粪或固液分离后的固体粪污的设施设备，包括暂存池、堆积发酵池、堆粪棚、晒粪棚、发酵罐等。固体粪污贮存设施容积按照贮存周期内粪便产生总量测算，即固体粪污贮存设施容积不小于单位畜禽固体粪污日产生量[m³/（d·头）、m³/（d·只）]×暂存周期（d）×设计存栏量（头、只），暂存周期根据转运处理最大时间间隔确定。固体粪污贮存设施应采取加盖等措施，做到防风吹、防雨淋、防渗漏，减少恶臭气体排放和雨水进入（图2-18）。

图2-18　固体粪污的贮存

　　液体粪污贮存设施主要指用于贮存水冲粪、水泡粪清粪过后中产生的粪水混合物以及干清粪或固液分离后的液体粪污的设施设备，包括集粪池、暂存池、沉淀池、沼气池、沼液池、高位池、田间池等。

　　通过敞口贮存设施处理液体粪污的畜禽养殖场（户），应配套必要的输送、搅拌等设施设备，容积不小于单位畜禽液体粪污日产生量[m³/（d·头）、m³/（d·只）]×贮存周期（d）×设计存栏量（头、只），贮存周期依据当地气候条件与农林作物生产用肥最大间隔确定，推荐贮存周期在180d以上，确保充分发酵腐熟，处理后蛔虫卵、粪大肠杆菌、镉、汞、砷、铅、铊和缩二脲等物质应符合《肥料中有毒有害物质的限量要求》（GB 38400—2019）的规定。有条件的畜禽养殖场（户）建设两个以上敞口贮存设施交替使用。

通过密闭贮存设施处理液体粪污的畜禽养殖场（户），应采用加盖、覆膜等方式，减少恶臭气体排放和雨水进入，同时配套必要的输送、搅拌、气体收集处理或燃烧火炬等设施设备。密闭贮存设施容积不小于单位畜禽液体粪污日产生量[m^3/（d·头）、m^3/（d·只）]×贮存周期（d）×设计存栏量（头、只），贮存周期依据当地气候条件与农林作物生产用肥最大间隔确定，推荐贮存周期在90d以上，确保充分发酵腐熟，处理后蛔虫卵、粪大肠杆菌、镉、汞、砷、铅、铬、铊和缩二脲等物质应符合《肥料中有毒有害物质的限量要求》（GB 38400—2019）的规定。有条件的畜禽养殖场（户）建设两个以上密闭贮存设施交替使用。

91. 什么是粪污的贮存减量技术？

粪污的贮存减量技术主要指固体粪污的贮存减量技术，养殖场固体粪污主要通过暂存池、堆积发酵池、堆粪棚、晒粪棚、发酵罐等设施设备进行贮存，通过使用贮存减量技术，能有效降低固体粪污量、减少设施设备配备容积、降低生产成本。①通过优化生产清粪工艺，采用传送带的粪污干清方式，将尿液及多余的水分分离掉，降低干粪含水量。②采用刮粪机清粪的养殖场，在集粪池后端安装干湿分离机，将粪污中多余的水分分离掉，以降低干粪的含水量。③采用发酵罐对干粪进行贮存和处理，在贮存的同时进行发酵烘干，最大限度降低干粪排放量。④通过优化粪污贮存设施设备实现减量，固体粪污贮存设施采取加盖、设围等措施，做到防风吹、防雨淋、防渗漏，降低干粪量。

92. 什么是养殖场污水的贮存减量技术？

养殖场污水产生量大，多以就近还田还土的方式进行利用处理，受农林作物生产用肥时间的制约，养殖场需配套的液体粪污贮存设施容积较大，使养殖生产成本增加，加上季节性降雨因素的影响，畜禽养殖场（户）污水外溢造成环境污染的风险极高，除了通过源头节水技术来减少污水产生量外，采用污水的贮存减量技术也非常必要。①严格实行雨污分流，场外排污沟采用封闭管道，污水收集池入口处安设栅网，有效分离出干粪及食物残渣等，减少污水处理量。②采用干清粪工艺，利用干湿分离机最大限度降低液体粪污的固体含量。③通过优化粪污贮存设施设备实现减量，集粪池、暂存池、沉淀池、沼气池、沼液池、高位池、田间池等液体粪污贮存设施应采用加盖、覆膜等方式，减少恶臭气体排放和雨水进入，液体粪污贮存设施周围应设排水沟并定期清理，避免雨水、山洪水等进入，同时配套还田管网，将处理后的养殖污水通过管网直接还田还土，以降低污水排放总量。

93. 如何通过优化粪污贮存设施设备实现污水的源头减量？

粪污贮存设施设备及粪污处理工艺的优化对污水的源头减量能起到较好效果：①推广碗式、乳头式饮水器，配备液位控制装置，减少饮水外溢。②改水冲粪为"漏缝地板＋干清粪"或"自动刮板＋干清粪"，减少70%以上污水量，在储存前设置干湿分离机。③建设封闭式污水管道，防止雨水进入粪污系统，实现雨污分流，同时储存池需符合防渗要求（HDPE膜或混凝土）、防雨（加盖或棚顶）、防溢流（溢流管＋应急池）要求，为后续资源化利用创造条件。

第六节　低碳减量技术

94. 低碳减排的重点措施有哪些？

低碳减排的重点措施：

（1）减少碳排放。通过控制露天焚烧来抑制碳源的增加。倡导乘坐公共交通工具和步行等绿色出行方式。

（2）督促工业厂区对产生的废气、废水进行处理后再排放，鼓励其对废水进行回收再利用。

（3）推广生态农业发展，减少对农药、激素等的使用。

（4）增加种植绿色植物，提高固碳能力。

（5）加大环保宣传力度。增强人们的环保意识，通过推广低碳生活方式来增强人们对环境可持续发展的关注。

95. 如何通过减源固碳实现温室气体的源头减量？

减源：一是通过改善能源使用效率和技术，减少能源消耗，从而降低温室气体的排放量。二是使用太阳能、风能、水能等清洁能源替代化石燃料，减少温室气体的排放。三是减少汽车尾气排放，尽量采用公共交通出行。四是对工业产生的废水等进行回收利用，避免污染物的增加。

固碳：一是通过树木等植物进行固碳，增加树木种植面积，提高固碳能力。二是推广新型捕碳技术。

96. 养殖场排放源有哪些？

（1）固体粪污。畜禽养殖过程中产生的粪便、饲料残渣、垫料等固态、半固态废弃物质。

（2）液体粪污。畜禽养殖过程中产生的尿液、污水等液态物质。

（3）恶臭污染物。一切刺激嗅觉器官、引起人们不愉快及破坏生活环境的气体物质。

97. 养殖场排放的温室气体主要有哪些？

养殖场排放的温室气体包括二氧化碳、甲烷和氧化亚氮等。其中，甲烷和氧化亚氮是除二氧化碳之外最主要的温室气体。这些气体主要来自牲畜养殖中的动物粪便以及饲料的消化和发酵过程。

二氧化碳（CO_2）：二氧化碳主要来自微生物、细菌和养殖生物的呼吸活动，同时，在厌氧或微好氧条件下有机残留物发生分解也会产生大量的二氧化碳，从养殖场的建设到养殖场的能源利用和投饵，再到养殖场产品的运输和销售过程都会产生能源消耗，也会间接有二氧化碳生成。

甲烷（CH_4）：养殖池塘底部沉积物因具有厌氧条件和丰富的有机质而为甲烷的产生创造了良好条件，沉积物中含有大量产乙酸菌和产甲烷菌等微生物，通过水解、发酵等一系列代谢过程产生甲烷。由于养殖池塘水深较浅，甲烷在被氧化前即可快速排放到大气中。

氧化亚氮（NO_2）：来自水产养殖池塘中饲料和肥料中含氮化合物的微生物转化，高可用性的氨态氮（NH_4^+）和硝酸盐态氮（NO_3^-）可能通过硝化和反硝化作用进一步促进池塘氧化亚氮的产生。

98. 什么是养殖场源头减排固碳技术？

推广精准饲喂技术，推进品种改良，提高畜禽单产水平和饲料报酬，降低反刍动物肠道甲烷排放强度。提升畜禽养殖粪污资源化利用水平，减少畜禽粪污管理过程中甲烷和氧化亚氮的排放。

99. 生猪养殖源头减排固氮技术有哪些？

氨气是生猪养殖圈舍内重要的应激源：一部分是圈舍内产生的氨气，主要是粪便、饲料残渣、猪舍垫草等有机物分解后产生的氨气；另一部分是胃肠道内的氨气，源于排泄物、肠胃消化物等，尿氮主要以尿素形式存在，被脲酶水解后，生成氨气和二氧化碳。养猪生产过程中的氨气很大一部分来自排泄物，猪采食的氮分别以粪氮（约20%）和尿氮（约50%）的形式排出体外。其中粪氮约80%是以有机氮形式存在的，另外20%是以无机氮形式存在的。因此，要从本质上减少氨气的产生和排放，就需要优化日粮配方、提高猪的消化吸收能力。

饲料配方技术使用理想氨基酸模型、低蛋白模式能够有效减少氨气的排放。以可消化氨基酸为基础添加合成氨基酸，配制成符合畜禽营养需要的平衡日粮，可以适当降低饲料粗蛋白含量但不影响动物生产性能。

选择消化利用率高的饲料蛋白原料。不同蛋白源的消化利用率差异很大，如大豆蛋白消化利用率为70.29%、高粱蛋白消化利用率为42.1%、小米蛋白消化利用率为70.29%。植物性蛋白原料中，从同一品种的不同组织中获得的蛋白消化利用率也有差异，如高粱全谷物粉的蛋白消化利用率为59.1%，而胚乳中的蛋白消化利用率高达65.7%，这可能是因为全谷物粉中植酸、非淀粉性多糖和酚类等易与蛋白质结合、影响蛋白质的消化率。

原料预消化和预处理工艺会影响饲料利用率，因此也会影响圈舍内氨气浓度。氨气产生过程中，排泄物（尿液）中的尿素在脲酶的催化作用下生成氨气，但是脲酶存在于粪便中，而非尿液中，圈舍内粪便和尿液混合后会加速产生氨气，因此抑制脲酶活性，这是减少氨气产生的有效方法。对豆粕进行发酵处理后，不仅能够提高其蛋白消化利用率，而且经过微生物作用，可以控制和减少脲酶的产生，从而减少氨气的排放。

保障猪群肠道健康。在饲料消化过程中，如果因猪的吸收能力差而导致养分不能被完全利用，饲料被排出体外后被微生物分解会产生氨气，说明有了理想的配方模式和优质原料还是不够，要降低圈舍氨气浓度，还需要保障猪群肠道健康。

重视微量元素的作用。微量元素作为饲料中的刚需添加剂，需要量小，容易被大家忽视，但是微量元素对畜禽肠道健康、氨气等臭气的排放却有着不容小觑的影响。饲料营养调控是从本质上减少氨气排放的有效措施，如通过平衡氨基酸、饲用低蛋白日粮、利用易消化吸收的蛋白原料、选择新型添加剂来强化畜禽肠道健康，搭配精准有效的有机微量元素营养，全面提升猪群肠道健康状况和机体免疫力。

100. 奶牛养殖源头减排固氮技术有哪些？

保持能氮平衡：通过科学合理地配制日粮，提高微生物的活性和促进对氮的利用，可以有效减少氮的排放。当日粮中瘤胃能氮值为负值时，可以通过提高日粮中瘤胃非降解蛋白的比例或可发酵有机物的含量，实现能氮均衡，减少氮在瘤胃内的损失。

使用优质蛋白饲料：优质的粗饲料拥有较好的适口性、较高的可消化性和优质的蛋白质，可以促进奶牛对氮的利用。而低质粗饲料的应用会使奶牛潜在的生产性能受到抑制，瘤胃代谢不平衡，从而降低对日粮的利用率。

适宜的日粮蛋白质水平：过高的日粮蛋白质水平虽然可以提高牛奶品质，但降低了氮的利用率，增加了粪氮、尿氮的排放量；而过低的日粮蛋白质水平虽然减少了粪氮、尿氮的排出量，但可能对生产性能有不利影响。适宜的蛋白质水平可以减少氮的排放。

基因编辑技术：通过基因编辑技术降低奶牛的碳排放量，为培育低碳核心牛群奠定基础。

第三章　过程控制

第一节　畜禽固体粪污的处理

101. 畜禽粪污固液分离有哪些注意事项？

（1）设备的安装，固液分离机在使用之前需要先进行安装，可以根据养殖场地的实际需求，选择地势比较平坦的地方进行安装。如果安装在室外，需要建造简易的遮雨棚。

（2）试运行，设备在使用之前需要先进行试运行，检查螺旋轴转动的方向是否正确。还需要对配重块进行调节，以控制分离物的湿度。

（3）固液分离机的滤网每隔15d需要清洗一次，以保证滤网的滤液效果和挤出固料的低含水率。

（4）固液分离机在使用过程中需要定期进行检查和保养维护，机器活动处应及时加入润滑油，以使设备更好地运转。

（5）为了出料方便、防止堵塞，固液分离机的尾部一般都采用了开放式出料，即出料部位没有安装安全防护网，因此在设备运行过程中不要将手伸入固体出料口。

（6）固液分离机的动力一般会使用380V动力电源，在操作过程中应注意安全，防止触电。

102. 畜禽粪污固液分离设施设备有哪些？

包括沉降池（槽）和固液分离机（干湿分离机）。

沉降池（槽）是利用重力作用自然沉降的分离设施，不需要外加能量，是一种最节能的粪污浓缩方法。

机械式固液分离方法是目前应用最广泛、技术相对成熟的固液分离方法，相关机械包括筛分分离机械、带式压滤分离机械、离心分离机械、螺旋挤压分离机械。

（1）筛分分离机械。将颗粒大小不同的混合物料，通过单层或多层筛子分成若干个不同粒度级别的过程称为筛分。水力筛一般采用不锈钢制成，用于杂物较多、纤维含量中等的污水，作为粗分离。用于畜禽粪污筛分分离的机械主要有斜板筛和振动筛。

（2）带式压滤分离机械。物料中的液体部分在辊轮的挤压作用下通过滤带流出，固体部分随着滤带移动最终被收集起来。带式分离机是由一条缠绕在辊轮间水平放置的滤带通过挤压作用实现粪污固液分离的机械设备。这是一种理想的脱水设备，具有结构简单、处理量大、可以连续作业等优点，被广泛应用于我国粪污固液分离和城市污水处理等领域。

（3）离心分离机械。离心分离机械是通过提高加速度来达到良好的固液分离效果的固液分离设备，一般需要消耗大量的电能，因而运行成本大大增加。离心分离机的优点是分离速度快、分离效率高；缺点是投资大，能耗高。用于畜禽粪污的固液分离机主要有过滤离心机和卧式螺旋离心机。

（4）螺旋挤压分离机械。螺旋挤压分离机是一种相对较为新型的固液分离设备，是目前畜禽粪污固液分离应用最广的一种设备。粪水固液混合物从进料口被泵入螺旋挤压机，安装在筛网中的挤压螺旋以一定的转速将要脱水的原粪水向前携进，其中的干物质通过与在机口形成的固态物质圆柱体相挤压而被分离出来，液体则通过筛网被筛出[1][2]。

103. 畜禽固体粪污的清理及收集方法有哪些？

畜禽固体粪污的收集与固体粪肥配套的消纳土地面积、末端利用的方式、养殖场应用的清粪工艺息息相关。消纳土地面积决定养殖场采用种养结合、清洁回用或达标排放中的何种利用方式，而利用方式又决定了全量收集或分离收集的方式，以此确定采用干清粪、水冲粪、水泡粪或发酵床中的何种清粪工艺。全量收集是指固体粪污与液体粪污不经分离进行全部收集；分离收集是指固体粪污与液体粪污分离后分别收集（图3-1）。

图3-1　漏缝地板，水泡粪工艺

（王瑶　摄）

①吴丽丽，刘天舒，黄希国，等，2010.畜禽粪便固液分离方法及设备应用分析[C].上海：2010国际农业工程大会.

②张国庆，江晓明，张斌龙，2023.畜禽粪污固液分离技术与设备研究[J].南方农机，54（9）：7-10.

104. 收集后的畜禽固体粪污如何贮存？

畜禽养殖场产生的畜禽固体粪污应设置专门的贮存设施，贮存设施位置必须距离地表水体400m以上，应设置明显标志和围栏等防护设施，保证人畜安全。

贮存设施必须有足够的空间来贮存粪污。在满足最小贮存体积条件下设置预留空间，一般在能够满足最小容量的前提下将深度或高度增加0.5m以上。固体粪便贮存设施最小容积为贮存期内粪便产生总量和垫料体积总和。进行农田利用时，畜禽固体粪污贮存设施最小容量不能小于当地农业生产使用间隔最长时期养殖场粪污产生总量。

畜禽粪污贮存设施必须进行防渗处理，防止污染地下水，还应采取设置顶盖等防止雨水进入的措施。贮存过程中不应产生二次污染，其恶臭气体及污染物排放应符合《畜禽养殖业污染物排放标准》（GB 18596）的规定。

105. 畜禽固体粪污暂存池的设计要求有哪些？

（1）选址。根据养殖场面积、规模以及远期规划选择地址。选址要满足畜禽总体布置及工艺要求，方便施工和维护。与畜禽养殖场生产区隔离，满足防疫要求。设在畜禽养殖场生产区及生活管理区常年主导风向的下风向或侧下风向处，与主要生产设施之间保持100m以上的距离。

（2）容积。贮存设施的容积等于贮存期粪污的产生总量，其容积大小 S（m^3）按照下式计算：S（m^3）$=N \times Q \times D/\varrho$。式中：$N$ 为动物单位的数量（每1000kg活体重为1个动物单位）；Q 为每动物单位的动物每日产生的粪污量，其值见表3-1，单位为kg/d；D 为贮存时间，具体贮存天数根据粪污后续处理工艺确定，单位为d；ϱ 为粪污密度，其值见表3-1，单位为 kg/m^3。

表3-1　每动物单位的动物日产粪污量及粪污密度

参数	奶牛	肉牛	小肉牛	猪	绵羊	山羊	马	蛋鸡	肉鸡	火鸡	鸭
鲜粪（kg）	86	58	62	84	40	41	51	64	85	47	110
粪污密度（kg/m^3）	990	1 000	1 000	990	1 000	1 000	1 000	970	1 000	1 000	—

注："—"表示未测。

（3）类型。宜采用地上带有雨棚的n形槽式堆粪池。

（4）地面。地面为混凝土结构。地面向n形槽的开口方向倾斜，坡度为1°，坡底设排污沟；污水排入污水贮存设施。地面应能承受粪污运输车以及所存放粪污荷载的要求。地面应进行防水处理，防渗性能要求满足GB 18598相关规定。

（5）墙体。墙高不宜超过1.5m，采用砖混或混凝土结构、水泥抹面；墙体厚度不小于240mm，墙体防渗执行GB 50069相关规定。

（6）顶部。顶部设置雨棚，雨棚下玄与设施地面净高不低于3.5m。

（7）其他要求。设施周围应设置排雨水沟，防止雨水径流进入贮存设施，排雨水沟不得与排污沟并流；周围应设置明显的标志以及围栏等防护设施；宜设专门通道直接与外界相通，避免粪污运输经过生活区及生产区。设施在使用过程中不应产生二次污染，恶臭气体及污染物排放应符合《畜禽养殖业污染物排放标准》（GB 18596）规定，设施周围适当进行绿化，按《畜禽场环境污染控制技术规范》（NY/T 1169）中相关要求执行。防火距离按《建筑设计防火规范》（GBJ 16）相关规定执行。

106. 畜禽固体粪污如何运输？

在畜禽粪污收集、运输过程中必须采取防扬散、防流失、防渗漏等环境污染防治措施。国内外目前采用的粪污输送方式主要有罐车输送和管渠输送两种。其中罐车油耗大，日常运行成本高，且容积有限，只适合小规模养殖场。大规模养殖场多采用污水泵加管渠输送方式，既能做到降低能耗、又能保证场区的环境卫生。管渠输送方式可以采用水冲或输送泵输送，如果粪污输送距离短，且有足够的坡度可以采用水冲方式直接将粪污输送至粪污池，长距离或没有足够的坡度建议采用粪污输送泵输送，其主要设备是搅拌器和输送泵，以及配套的管道工程，可以长距离、从低处向高处输送。粪污输送泵大致分为以下几种：①旋流式无堵塞泵。采用后缩式叶轮结构，具有很好的无堵塞性能，适用于输送含固率小于7%的污水。所能输送的固体颗粒直径或纤维长度取决于泵的进出口尺寸。②螺旋离心泵。采用螺旋状叶轮，具有无堵塞的良好性能，并且泵的效率比旋流式无堵塞泵高，能输送含固率高达20%的污水。③切割式离心泵。采用先切割后输送的方法，带有切割杂质的定刀和动刀，比较适用于含垫草较多的奶牛粪的输送，其缺点是泵的效率低。④单通道无堵塞泵。与旋流式无堵塞泵的性能相似，不同的是杂质通过叶轮流道排出，泵效率较高，但叶轮磨损较大[1]（图3-2）。

图3-2　重庆市潼南区某养殖场粪污运输设施（吴红　摄）

---

① 李傣东，靳振千，2010.浅谈养殖场粪污处理设备[J].机械研究与应用（5）：129-130.

107. 畜禽固体粪污处理技术有哪些?

（1）堆肥技术。堆肥技术是指利用锯末、秸秆等辅料，将畜禽粪污水分、碳氮比调整到特定值，利用石灰、醋酸等材料将pH控制在6.0～8.0，通过适当添加微生物制剂以及机械通风等人为干预措施，实现畜禽粪污无害化的处理技术。

（2）干燥焚烧技术。干燥焚烧是目前许多畜禽养殖机构常用的粪污处理技术，该方法是利用高温使畜禽粪污干燥，通过焚烧使其灰化，减少粪污中的污染物质及有害菌群。

（3）好氧发酵技术。好氧发酵技术是一种生态化的畜禽粪污处理技术，是指在有游离氧的环境中，使用好氧微生物对畜禽粪污进行长时间发酵，再采用曝气、沉淀及稀释等措施进行二次处理，彻底降解畜禽粪污中的有机物，使其趋于稳定的方法。

（4）厌氧发酵技术。厌氧发酵技术是指将畜禽粪污放置在缺少氧气的环境中，利用厌氧微生物发酵原理，降低畜禽粪污中的蛋白质、脂肪、糖类等有机物的含量，并将其稳定转化为甲烷的一种生物处理方法。

108. 目前应用最广泛的畜禽固体粪污处理技术及其优势是什么?

目前应用最广泛的畜禽固体粪污处理技术是有氧堆肥技术。堆肥是在人工控制水分、碳氮比和通风条件的情况下，通过微生物的作用，对固体粪污中的有机物质进行降解，使之矿质化、腐殖化和无害化的过程。堆肥过程中的高温不仅可以杀灭粪便中的各种病原微生物和杂草种子，使粪污无害化，还能生成可被植物吸收利用的有效养分，具有土壤改良和调节作用。在进行好氧堆肥时，水分含量一般控制在50%～70%，水分含量过高会影响通风效果，水分含量过低则会影响微生物的生长繁殖。此方法具有设备简易成本低、占地面积较小、技术成熟、便于推广、臭气产生量少等优点，是目前普遍采用、比较可行的畜禽粪污处理方法。良好的堆肥技术可以在短时间内使粪污重量减轻、脱掉水分，并且实现无害化，对高湿粪污具有良好的处理效果[①]。畜禽固体粪污宜采用条垛式、强制通风静态垛式、槽式、发酵仓式、反应器或覆膜堆肥式等技术进行无害化处理，养殖场可根据资金、占地、养殖规模等实际情况选用。条垛式堆肥是将粪污和堆肥辅料按照一定的比例混合均匀的一种典型的开放式堆肥方式，其特征是将混合物料放在地面或者水泥地面上排成长形条垛，并通过机械周期性地翻抛进行发酵。2d翻堆一次，整个发酵过程需要50d左右。强制通风静态

---

①邹丽娜，2022.畜禽粪便无害化处理方法简析（10）：42-44，47.

堆肥是利用由正压风机、多孔管道和料堆中的空隙所组成的通风系统对物料堆进行供氧的堆肥方法。槽式堆肥就是放在长槽式的结构中进行发酵堆肥。槽壁上方安装翻抛机，有的为了方便铺设了轨道，可使物料比较容易翻搅；槽的底部铺设曝气管道，可在适宜的时间对堆料进行通风曝气。反应器堆肥系统是各国大量研发的一种堆肥系统，设备必须有改善和促进微生物新陈代谢的功能。常见的自动化堆肥设备有发酵仓、生物发酵塔、高温好氧发酵罐等[①]（图3-3）。

图3-3　有氧堆肥（向富贵　摄）

109. 如何设计建设适合不同养殖场的固体粪污堆肥设施？

固体粪污堆肥设施应根据占地、资金等实际情况综合确定。堆肥场地一般应由粪污贮存池、堆肥场地以及成品堆肥存放场地等组成，场内应建立收集堆肥渗滤液的贮存池，必须有防渗漏措施，不得对地下水造成污染，同时还应配置防雨淋设施和雨水排水系统。堆肥设施应设在畜禽场生产区及生活管理区常年主导风向的下风向或侧下风向处，应距离功能地表水体400m以上，畜禽粪污集中处理场与畜禽养殖区域的最小距离应大于2km，小规模养殖场内堆肥场地应与主要生产设施之间保持100m以上的距离。原料存放区应防雨防火防渗。发酵场地应配备防雨和排水设施。堆肥成品存放区应干燥、通风、防晒、防破裂、防雨淋。畜禽粪污贮存池的设计要求执行GB/T 27622的要求。堆肥设施发酵容积不小于单位畜禽固体粪污日产生量[m³/（d·头）、m³/（d·只）]×发酵周期（d）×设计存栏量（头、只），确保充分发酵腐熟，处理后蛔虫卵、粪大肠杆菌、镉、汞、砷、铅、铬、铊和缩二脲等物质含量应满足GB 38400相关要求。通常条垛堆肥适用于土地相对充裕、固定投资低的中小型养殖场。槽式堆肥适用于土地面积较小、固定投资高的大中型养殖场。发酵仓适用于土地面积小、环

[①]李淑杰，2020.畜禽粪便堆肥利用技术[J].吉林畜牧兽医，41（12）：103，105.

保要求高、立足就地处理的中小型养殖场。需配套必要的混合、输送、搅拌、供氧等设施设备（图3-4、图3-5）。

图3-4 发酵床前端 　　　　　　　　　图3-5 发酵床后端

110. 如何对畜禽固体粪污进行科学的堆积发酵？

堆积发酵是将畜禽粪污等废弃物集中堆放，在微生物作用下使有机物质降解，形成类似于腐殖质土壤的过程。堆积发酵具有对粪污无害化处理比较彻底、粪污附加值高、经济效益好等特点。发酵腐熟需要适宜的水分、温度，发酵时间长，在堆积发酵过程中，需要注意以下几个关键技术：

（1）发酵前预处理。在发酵前需要调整畜禽粪污的含水率、碳氮比及pH等并充分混匀。

堆积发酵是微生物发生一系列反应的过程，水是生物必需的物质，堆积发酵初始物料适宜含水率为60%～65%。一般新鲜的畜禽粪污含水率较高，常见的降低含水率的方法有4种：一是添加稻壳、秸秆、木屑或甘蔗渣等农业废弃物调节含水量；二是添加已经发酵腐熟的堆肥；三是自然风干；四是机械脱水。手握湿料成团，指缝有水珠但不往下滴时恰到好处。

堆积发酵的最适碳氮比为（20～30）：1，可通过添加玉米芯、木屑、稻壳等调整碳氮比（表3-2）。

表3-2 常见畜禽新鲜粪便的含水率及碳氮比

种类	含水率（%）	碳氮比
猪粪	69	21
牛粪	75	23

（续）

种类	含水率（%）	碳氮比
羊粪	50	17
鸡粪	52	14
鸭粪	51	18
鹅粪	62	20

堆积发酵所需微生物的最适生存pH为7.0～8.0，畜禽粪污、辅料和发酵菌按比例混合均匀可调整至最适pH，但储存时间久pH可能会降低，此时可用石灰进行调整。

将粪污、辅料（秸秆、木屑、谷壳等）和发酵菌按比例混合均匀，一般粪污占85%～90%，辅料占10%～15%，菌种占0.01%。在堆放粪污时需覆盖塑料薄膜，阻断苍蝇的繁殖途径。母苍蝇多在粪污上产卵，孵化之后形成幼蝇，降低湿粪的暴露面积可防止苍蝇繁殖。覆盖薄膜堆肥不仅能抑制苍蝇繁殖，还可以从整体上减少臭味的散发以及更好地回收利用粪污。

（2）堆积发酵。将混匀的物料输送至发酵槽进行堆积发酵，堆积的厚度需高于1m。发酵车间的建设需合理，每天生产1t畜禽粪污建议建设面积30m²，车间四面墙体为砖混结构，盖顶选用阳光板，可加快发酵物料起始温度的提高。

堆积发酵3～4d后物料的温度将达到50～65℃，此时进行翻堆，翻堆起到通气、干燥、粉碎、搅拌、促进发酵腐熟等作用。翻堆应结合温度和气候进行，当堆温升至50℃以上时开始翻动，夏季温度高发酵升温快，翻堆次数多一些，可每天一次，冬季温度低发酵升温慢，翻堆次数少一些，可两天一次。翻堆次数太多，通风量过大，散热过快，不利于物料高温的维持；翻堆次数过少不利于氧气进入，影响升温期的有氧发酵和升温，影响高温期的散热，容易把有益菌杀死，无法完全发酵腐熟。高温发酵时在槽边设置鼓风系统进行曝气，达到控制温度增加氧气的目的。高温发酵温度需控制在55～65℃，之后，再经中低温发酵、后熟，一般需要20～30d。出料端物料呈干粉状，含水率25%～30%，制成有机肥。将发酵完成的有机肥在晾晒场上均匀摊开，厚度不超过20cm，并且经常翻晒，含水率低于30%时才可安全使用（图3-6）。

图3-6 堆肥（荣昌区畜牧发展中心，胥清芳 摄）

111. 好氧堆肥工艺的基本流程有哪些？

好氧堆肥工艺通常由预处理、主发酵阶段、后发酵阶段、后处理、脱臭及贮存6个工序组成。

预处理的主要任务是调节水分、碳氮比、pH、添加菌种和酶制剂等，保障发酵过程的正常进行。

主发酵阶段主要在发酵仓内进行，通过翻堆搅拌供氧。发酵初期易分解的物质在嗜温菌的作用下开始发酵，产生二氧化碳、水和热量，堆肥温度开始上升。随着堆肥温度升高至50～65℃，嗜热菌代替嗜温菌，进行高效率的分解。然后发酵开始进入降温阶段，温度升高直到开始降低的阶段称为主发酵阶段，畜禽粪污好氧堆肥的主发酵阶段为4～12d。

后发酵阶段是对主发酵阶段未分解的有机物质进行进一步分解，使之变成腐植酸、氨基酸等，得到完全腐熟的堆肥品，即堆肥腐熟阶段。通常采用条堆（图3-7）或静态堆肥的方式，物料堆积高度一般为1～2m，需定期进行翻堆，通常不进行通风，后发酵时间的长短取决于堆肥的使用情况，通常在20～30d。

图3-7　条堆（荣昌区畜牧发展中心，胥清芳　摄）

后处理是在后发酵后的一道分选工序，经过后发酵的堆肥物料中，几乎所有的有机物质都被稳定化和减量化。但还存在未完全去除的杂质，所以需要通过分选工艺去除杂质。并根据堆肥的情况和需要再进行干燥、粉碎、造粒等。

脱臭在堆肥工艺各阶段都需进行，因在堆肥过程中微生物的分解会产生氨气、硫化氢、甲基硫醇等刺激性气体，令人不适。脱臭的方法主要有化学除臭剂除臭，碱水和水溶液过滤，熟堆肥、活性炭、沸石等吸附剂吸附等。其中，经济而实用的方法是熟堆肥吸附的生物除臭法。

堆肥的使用一般在春秋两季，故在夏冬两季需要贮存，所以建议设置能容纳6个月产量的贮存库房。可直接存放在二次发酵仓中或袋子里，闭气和受潮会影响堆肥产品的质量，所以还需保持干燥透气。

好氧堆肥工艺流程见图3-8。

图3-8　好氧堆肥工艺流程（荣昌区畜牧发展中心，胡沛）

112. 好氧堆肥有哪些处理方式及设备？

好氧堆肥可人工进行也可借助机械进行。人工堆肥投资小、成本低、操作简单，但处理规模小、占地面积大、堆肥周期长，而且容易受到气候的影响，在堆肥过程中异味较大，容易造成环境污染，适合小规模养殖场（户）。机械化堆肥处理规模大、效率高，可有效去除异味并节省劳动力，但成本较高，对操作有一定的要求，适合大规模集约化养殖场。

好氧发酵有各种模式，根据堆料垛的形态和翻拌形式，将堆肥系统类型分为静态垛堆发酵堆肥、条垛式翻堆发酵堆肥、槽式堆垛翻堆发酵堆肥和搅拌式反应器发酵堆肥（表3-3）。

表3-3　常见的好氧堆肥工艺及设备

类型		设备
静态垛堆发酵堆肥	开放式	铲车
	隧道式	鼓风机、排风机
	覆膜式	覆盖膜、卷膜机、鼓风机、传感器
条垛式翻堆发酵堆肥		人工驾驶翻抛机、电动翻抛机
槽式堆垛翻堆发酵堆肥		立式搅拌发酵罐、卧式滚筒发酵罐
搅拌式反应器发酵堆肥		立式搅拌发酵罐、卧式滚筒发酵罐

静态堆垛发酵堆肥是将发酵原料混合均匀后堆放在通气层，通气层由透气性能良好的骨架材料小木块、碎稻草等做成，通气层内设有穿孔通风管，在堆垛后的20d中

鼓风机强制通风，此后静置堆放 2 ～ 4 个月即可完全腐熟。堆垛形式表现为不进行物料翻拌，有开放式、隧道式和覆膜式等主要形式。

条垛式翻堆发酵堆肥是将堆肥物料堆成条垛形，断面可为四边形或三角形，最适垛底宽 2 ～ 6m、高 1 ～ 3m，长度不限。条垛式翻堆发酵堆肥需定期翻拌（图 3-9），发酵周期一般为 1 ～ 3 个月。堆肥场地表面须由沥青或混凝土固封成不小于 1% 的斜坡。

槽式堆垛翻堆发酵堆肥是将混合物料堆放在堆肥车间的发酵槽内进行好氧发酵。采用槽式翻抛机进行翻抛搅拌（图 3-10），发酵槽底需铺设管道并强制通风曝气（图 3-11）。一般堆肥 20 ～ 30d 即可腐熟。

搅拌式反应器发酵堆肥是在密闭的发酵仓或发酵塔内，通过控制通风和水分等条件使堆肥物料进行生物降解和转化，因此也称发酵仓堆肥。搅拌式反应器发酵堆肥系统设备占地面积小，机械化和自动化程度较高，堆肥过程不受气候条件

图 3-9　小型翻抛机

（荣昌区畜牧发展中心，曾珠　摄）

影响，废气容易收集处理，可防止对环境的二次污染，但投资和运行维护费用较高。

图 3-10　电动翻抛机

（荣昌区畜牧发展中心，胥清芳　摄）

图 3-11　卧式滚筒发酵罐

（荣昌区畜牧发展中心，曾珠　摄）

113. 影响好氧堆肥的因素有哪些？

畜禽粪污好氧堆肥过程中会受到许多因素的影响，主要包括温度、水分、pH、碳氮比、颗粒度、其他因素等。

（1）温度。在堆肥过程中，温度在微生物的繁殖和代谢中扮演着重要的角色，通过对温度的监测可以判断堆体内微生物的结构和活性。根据温度的变化，将堆肥过程分为3个阶段：升温期、高温期和降温腐熟期。在升温期比较活跃的是嗜温菌，嗜温菌缓慢分解有机物质的过程中释放大量的热量使温度上升。温度在50～65℃时嗜温菌死亡，嗜热菌大量繁殖，有机物质被快速分解，并且此时的持续高温能杀死物料中的杂草种子、病原微生物、寄生虫、虫卵、真菌孢子等物质，从而实现有机肥的无害化生产。当温度大于65℃时，已经超过大多数微生物的耐热温度，微生物的繁殖受到限制，从而影响堆体中有机物质的降解，因此在堆肥过程中需要控制温度。常见的温度调节方式有强制通风、控制物料颗粒度、翻堆控温等。

（2）水分。水分是影响堆肥腐熟的一个重要因素，水主要是用于溶解堆料中的有机物质，同时水蒸发将带走堆肥中的一部分热量，而且微生物的生长繁殖也需要水的参与。堆肥物料起始含水率在55%～65%时最有利于微生物的生长，因此堆肥过程中要注意对水分的监测，含水率应保持在40%以上。含水率过低时微生物的生长繁殖受到限制，从而影响堆温的升高和有机物质的降解。含水率过高使各物料之间的间隙过小不利于氧气的进入，容易发生厌氧发酵而产生恶臭，从而影响好氧堆肥的进程甚至使发酵无法完成（图3-12）。

图3-12　未发酵腐熟的堆肥（荣昌区畜牧发展中心，曾珠　摄）

（3）pH。堆肥过程中pH会对微生物的生长繁殖和有机物质的降解产生影响。pH与堆肥过程中氮的转化联系紧密，若pH过高，过量氮会以氨气的形式挥发，产生刺激性气味且降低有机肥的肥效。堆肥过程中可以添加适量硫黄、石膏和石灰来调节物料的pH。

（4）碳氮比。堆肥过程中物料的养分平衡状况可由碳氮比反映出来。微生物的生长繁殖离不开碳、氮元素，维持堆肥过程中合适的碳氮比是微生物维持活性所必需的。微生物生长过程中碳氮消耗比为（25～35）：1。若碳氮比过低，微生物生长过快，有机物质降解速率加快，堆肥期缩短，这不利于杀灭畜禽粪污中的杂草种子、病原微生物、虫卵和真菌孢子等。若碳氮比过高，堆肥中氮的含量较低，微生物生长缓慢，堆肥周期延长，生产成本增加。堆肥过程中可以通过调整物料中畜禽粪污与秸秆等辅料的配比来调节堆料的碳氮比。

（5）颗粒度。好氧堆肥物料的颗粒度与堆肥过程中的通风、水分和挥发性物质直接相关，还为微生物提供生存空间。颗粒度适当增大，物料之间的空隙增加，有利于通风，但堆料颗粒过大会使物料的表面积减小，使微生物无法与堆料颗粒充分接触，降低有机物质的降解效果；颗粒度过小，物料与物料之间空隙小，不利于通风，氧气不足，引发厌氧发酵，产生臭味且对堆肥进程不利。

（6）其他因素。除此之外，畜禽粪污好氧堆肥过程还受到硝态氮、铵态氮、脲酶、硝酸还原酶、亚硝酸还原酶等物质的影响，这些因素影响好氧堆肥过程中微生物的活性，从而影响堆肥时间与质量。

114. 畜禽固体粪污充分发酵腐熟的标准是什么？

畜禽固体粪污发酵腐熟需要适宜的水分、温度和pH。需要熟悉发酵原理、发酵条件、发酵过程和发酵方法等发酵要领，否则会造成发酵失常，使发酵过度损失养分，降低肥力，或因发酵未腐熟而生粪进地，造成作物肥害。更为重要的是，畜禽固体粪污中含有一定量的抗生素、重金属等污染物，若堆积发酵不彻底，污染物不能被有效清除，生产的有机肥可能造成污染。畜禽固体粪污中含有大量的微生物，若发酵不充分，病原微生物不能被杀死，影响并破坏发酵过程中添加的益生菌的微生物群落，进一步导致发酵失败，不仅降低肥料的品质，还造成病原微生物的传播。判断畜禽固体粪污是否腐熟显得尤为重要。

首先，畜禽固体粪污经过堆肥处理必须达到卫生学要求标准：①蛔虫卵死亡率≥95%；②粪大肠菌群数≤10^5个/kg；③堆体周围没有活的蛆、蛹或新羽化的成蝇，需有效地控制苍蝇滋生。其次，可以从以下几个方面综合判断畜禽固体粪污堆积发酵是否充分腐熟：①颜色为褐色或黑褐色；②材质形态呈干粉状，均匀细小；③含水率低于30%，呈干燥状态，手握不成块；④没有粪尿臭，有堆肥发酵味道；⑤腐熟的有机肥和清水1∶5混合搅拌均匀后，静置5min，浸出液呈淡黄色；⑥腐熟堆肥的体积比刚堆成的体积要塌陷1/3～1/2（图3-13）。

图3-13　腐熟的有机肥（荣昌区畜牧发展中心，胥清芳　摄）

115. 目前消除粪污中病原微生物的方法有哪些？

多数病原微生物和寄生虫卵在未经处理的畜禽粪污中可长期存活，含有致病微生物的粪污接触到土壤后不仅会污染土壤环境，还会污染农作物，从而通过食物链威胁人类健康，甚至可能引发严重疾病。因此应妥善处理畜禽粪污中的病原微生物，目前处理畜禽粪污中的病原微生物的方法主要有以下几种：

（1）堆肥技术。堆肥温度、肥堆含水率以及堆肥时的添加剂是影响病原微生物的重要因素。采用堆肥技术可以杀死畜禽粪污中的病原微生物、寄生虫卵等，堆肥技术不仅能达到无害化处理的目的，还能生产功能性有机肥料，从而实现资源化利用。牛粪堆肥过程中，37℃时灭活90%以上的沙门氏菌需要8.4d，而55℃时只需要2.0～3.0d；在同一温度条件下，堆肥过程中大肠杆菌在高湿度情况下比低湿度时对温度更敏感，大肠杆菌O517在60℃、含水率分别为40%和70%的肥堆中的致死时间分别为28.8min和10min[1]。

（2）添加剂的使用。在堆肥过程中，使用添加剂可以提高对病原微生物的杀灭效果。堆肥时，堆体表面的温度相对较低，石灰氮和尿素在较低温度下就表现出很好的抑菌效果，所以可以加入石灰氮和尿素来增强除菌效果。此外，添加一些外源菌剂（EM菌剂、Hsp菌剂、VT菌剂等）不但可以提高堆肥的温度，还可以延长高温的时间，增强堆肥中致病原微生物和寄生虫卵的去除效率[2][3]。

（3）化学药物。使用化学药物消除粪污中的病原微生物，为了快速杀灭粪污中的病原微生物和寄生虫卵，可采用甲醛、漂白粉、生石灰、草木灰等进行处理，特别是在传染病和寄生虫病严重流行的地区。

（4）高温干燥法。用高温干燥法处理畜禽粪污时能够达到较高温度，粪污经热喷处理后，可以有效地杀灭致病微生物、寄生虫卵等。

（5）青贮发酵法。青贮发酵法可以杀灭大肠杆菌、沙门菌等肠杆菌和部分寄生虫等病原，青贮发酵会产生缺氧、pH异常的环境，不利于病原微生物的生长繁殖。

116. 堆肥温度需要多高才能彻底灭除病原微生物？

畜禽粪污中存在大量致病体，包括大肠杆菌、沙门菌、金黄色葡萄球菌、李斯特菌等细菌，马里克氏病毒、流感病毒、冠状病毒等病毒，念珠菌等真菌及真菌孢子、蛔虫卵、线虫卵等寄生虫卵（图3-14）。

---

①李霞，邓立刚，王峰恩，等，2017. 堆肥消减畜禽粪便中病原微生物及抗生素残留的研究进展[J]. 山东农业科学，49（7）：161-166.

②胡菊，2005. VT菌剂在好氧堆肥中的作用机理及肥效研究[D]. 北京：中国农业大学.

③王川，何小莉，康晓冬，2011. EM菌剂在牛粪堆肥中的应用[J]. 现代农业科技（6）：47-49.

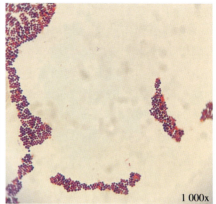

1 000x

图3-14 从牛粪便中分离出的大肠杆菌（左）和葡萄球菌（右）（荣昌区畜牧发展中心，胡沛 摄）

细菌结构简单，具有细胞壁、细胞膜、细胞质和拟核，一些细菌有特殊的结构，如荚膜、鞭毛、芽孢等。细菌有自己的最适生长温度范围，若环境温度显著高于细菌最适生长温度，细菌就会失去活性。高温状态下，细菌细胞壁的结构会先发生改变，失去对细菌的保护作用，蛋白质和核酸变性，酶失活，细菌死亡。大多数细菌在55～60℃环境中30～60min就可以被杀死，在100℃条件下立刻死亡。病毒的结构为蛋白质和核酸，通过高温加热可以破坏病毒的蛋白质和核酸结构，导致病毒死亡，因为大多数病毒都不耐热。大多数病毒在55℃左右条件下30～60min就可以被杀死，在高温70～100℃环境中2min就可以完全被杀死。真菌和寄生虫卵在外界生存力较强，比细菌更耐酸性和高渗环境，但大多真菌和寄生虫卵也不耐热。因为高温能够破坏真菌和寄生虫卵的蛋白质和DNA等重要成分，从而导致机体死亡，50～60℃环境中60min可以杀死真菌孢子和寄生虫卵。

根据中华人民共和国农业行业标准高温堆肥的卫生标准要求，最高堆温50～55℃，并持续5～7d，就能最大限度杀灭各种寄生虫卵、病原微生物，使之达到无害化的卫生标准。

117. 什么是超高温好氧发酵技术？

（1）概念。超高温好氧发酵技术是于2017年被正式提出的一种新型的好氧发酵技术，即在不依赖外部加热条件下，通过接种含极端嗜热微生物的堆肥菌剂使堆肥温度上升至80℃以上并持续5～7d的好氧发酵过程。传统好氧堆肥发酵存在发酵周期长、发酵温度低、生产成本高等缺陷。而超高温好氧发酵技术的温度可达80℃以上，能够显著缩短发酵周期、强化无害化效果。

（2）极端嗜热菌。极端嗜热菌在超高温好氧发酵技术中扮演着极为重要的角色，它们存在于火山口等极端高温环境中。正是由于极端嗜热菌的参与，超高温好氧堆肥系统才能在高于传统好氧堆肥20～30℃的环境中稳定运行。对提高堆体温度、促进堆肥腐熟具有显著作用的极端嗜热菌主要有土芽孢杆菌属、栖热菌属和*Calditerricola*等，现有的极端嗜热菌剂是以这些菌株为原料所制。

（3）工艺流程。将需要处理的畜禽粪污与已经发酵腐熟的干料按比例混合均匀，混合后的初始物料碳氮比为10、含水率为50%是最为理想的条件。在初始混合物料中添加0.5%的极端嗜热菌剂，转运至发酵槽，开启鼓风机进行曝气供氧，通风速率应保持在20m³/（t·h），前期每隔4d进行翻堆混匀物料，后期可以加快翻堆频率加速水分蒸发和物料腐熟（图3-15）。

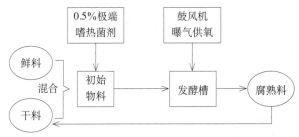

图3-15　超高温好氧发酵工艺流程

（4）应用。超高温好氧发酵技术已经被成功应用于有机固体废弃物资源化利用工程。2012年起，北京、河南、福建、江苏等多地采用超高温好氧发酵技术处理城市污泥、生活污水和畜禽粪污等。河南省焦作市修武县的伊赛牛粪超高温资源化处理工程利用超高温好氧发酵技术可日处理牛粪40t，生产生物有机肥10t[1]。牛粪发酵的平均温度可达80℃以上，高温持续5～7d，发酵时间短，发酵过程中无臭气产生，有机肥腐熟度高[2]。

第二节　畜禽液体粪污的处理

118. 畜禽养殖场液体粪污如何收集和贮存？

（1）液体粪污的收集。参照《畜禽养殖场（户）粪污处理设施建设技术指南》（农办牧〔2022〕19号）。

①畜禽养殖场宜采用干清粪、水泡粪、地面垫料、床（网）下垫料等清粪工艺，

①廖汉鹏，陈志，余震，等，2017.有机固体废物超高温好氧发酵技术及其工程应用[J].福建农林大学学报（自然科学版），46（4）：439-444.

②余震，周顺桂，2020.超高温好氧发酵技术：堆肥快速腐熟与污染控制机制[J].南京农业大学学报，43（5）：781-789.

逐步淘汰水冲粪工艺，合理控制清粪环节用水量。鼓励畜禽养殖场（户）采用碗式或液位控制等防溢漏饮水器，减少饮水漏水。

畜禽养殖场（户）应保持合理的清粪频次，及时收集圈舍和运动场的粪污。鼓励畜禽养殖场做好运动场的防雨、防渗和防溢流工作，降低环境污染风险。

②畜禽养殖场（户）应建设雨污分流设施，液体粪污应采用暗沟或管道输送，采取密闭措施，做好安全防护，输送管路要合理设置检查口，检查口应加盖且一般高于地面5cm以上，防止雨水倒灌。

（2）液体粪污的贮存（HJ 497）。

①畜禽养殖场应设置专门的液体粪污贮存池。

②贮存池的位置必须距离地表水体400m以上，应设置明显标志和围栏等防护措施，保证人畜安全。

③贮存池的总有效容积应根据贮存期确定。种养结合的养殖场，贮存池的贮存期不得低于当地农作物生产用肥的最大时间间隔。

④贮存池的结构应符合GB 50069的有关规定，有防粪污渗漏功能，不得污染地下水。

⑤对于易侵蚀的部位，应按照GB 50046的规定采取相应的防腐蚀措施。

⑥贮存池应配备防止降雨（水）进入的措施。

⑦贮存池宜配置排污泵。

119. 畜禽液体粪污应如何运输？

畜禽液体粪污的运输分为场区内的运输和场区外的运输。

（1）场区内的运输。畜禽液体粪污场区内的运输主要是指从生产区到粪污区的运输。液体粪污应采用暗沟或管道输送，采取密闭措施，做好安全防护，输送管路要合理设置检查口，检查口应加盖且一般高于地面5cm以上，防止雨水倒灌。

（2）场区外的运输。畜禽液体粪污场区外的运输是把粪污运输至集中处理场所或者还田，一般应采用封闭式的罐车运输，运输过程中必须采取防遗洒、防渗漏等措施，防止污染环境。

120. 畜禽液体粪污贮存池的设计要求是什么？

（1）选址要求。

①根据畜禽养殖场区面积、规模以及远期规划选择建造地点，并做好以后的扩建计划。

②满足畜禽养殖场总体布局及工艺要求，布局紧凑，方便施工和维护。

③设在场区主导风向的下风向或侧风向。

④与畜禽养殖场生产区隔离，满足防疫要求。

（2）技术参数。

①容积。

A.养殖污水体积（L_w）。养殖污水体积L_w（m³）按如下公式计算：

$$L_w = N \times Q \times D$$

式中：N为动物的数量，猪和牛的单位为百头，鸡的单位为千只；Q为畜禽养殖业每天最高允许排水量，猪场和牛场的单位为m³/（百头·d），鸡场的单位为m³/（千只·d）；D为污水贮存时间，单位为d，其值依据后续污水处理工艺的要求确定。

B.降雨体积（R_0）。根据25年来该设施每天能够收集的最大雨水量（m³/d）与平均降雨持续时间（d）进行计算。

C.预留体积（P）。宜预留0.9m高的空间，预留体积按照设施的实际长和宽以及预留高度进行计算。

②类型和形式。液体粪污贮存池有地下式和地上式两种，土质条件好、地下水位低的场地宜建造地下式暂存设施，地下水位较高的场地宜建造地上式暂存设施。

形状根据场地大小、位置和土质条件确定，可选择正方形、长方形、圆形等形式。

③底面和壁面。墙体和底面为钢筋混凝土结构。内壁和底面应做防渗处理，具体参照《给水排水工程构筑物结构设计规范》（GB 50069）相关规定。底面要高于地下水位0.6m以上。高度或深度不超过6m。

（3）其他要求。

①液体粪污贮存池应满足防雨、防渗、防溢流要求，并确保正常运行。

②进水管道直径最小为300mm。

③液体粪污贮存池要设置明显的标志和围栏等防护设施。

④在贮存设施周围进行绿化工作，执行NY/T 1169相关要求（图3-16）。

图3-16　液体粪污贮存池

121. 畜禽液体粪污的主要处理方法有哪些？

畜禽液体粪污的处理方法应根据养殖污染防治要求和当地环境承载能力、畜禽养殖种类、设计生产能力、周边粪污消纳土地是否充足、粪污资源利用目的等情况，选择适宜的液体粪污处理方法，对畜禽粪污进行科学处理，防止污染环境。参照农业农村部办公厅、生态环境部办公厅印发的《畜禽养殖场（户）粪污处理设施建设技术指南》（农办牧〔2022〕19号），畜禽养殖液体粪污的处理方法主要有液体粪污贮存发酵、沼气发酵、异位发酵床技术等。

（1）液体粪污贮存发酵。贮存发酵是将畜禽养殖场产生的液体粪污通过敞口贮存设施自然贮存伴随好氧、兼氧、厌氧发酵处理或通过密闭贮存设施自然贮存伴随厌氧发酵处理的过程，以实现粪污稳定化、无害化，并减少有害气体的排放。液体粪污在氧化塘、化粪池或贮粪坑（池）等敞口贮存设施中贮存发酵的时间总和在180d以上，在封闭贮存设施中贮存发酵的时间在90d以上。

该技术适用于消纳土地充足的养殖场，液体粪污充分发酵腐熟后还田利用，操作简单，建设和运行成本较低，但要配套规范的贮存设施，保障贮存发酵全过程安全，合理设计农田施用工艺，并注意控制有害气体的排放。

（2）沼气发酵。沼气发酵是通过沼气工程、户用沼气池对畜禽养殖场产生的液体粪污经过除杂、调质等预处理后，将其置于密闭设施中，在厌氧微生物作用下进行稳定化、无害化处理，产生的沼气可作为能源，沼液、沼渣可作为肥料（沼肥）。沼气工程产生的沼液，还田利用的，宜通过敞口或密闭贮存设施进行后续处理，推荐贮存周期在60d以上；沼气工程产生的沼渣还田利用或基质化利用的，宜通过堆肥方式进行后续处理。

沼气发酵对稳定运行、安全管理等技术要求较高，适宜粪污产生量稳定充足、清洁能源需求大、有害气体排放控制要求高的地区。

（3）异位发酵床技术。在畜禽养殖舍外采用发酵床处理粪浆的一种方式，按照发酵床的标准铺入垫料，接上菌种，然后将养殖场的粪污抽送到发酵床上，用翻耙机进行翻动，发酵，达到将养殖场粪污消耗掉而不进行对外排放的目的。

该技术模式适用于生猪、家禽全量粪污的处理，具有占地面积小、投资相对较少、运行成本较低和快速控制臭气排放的优点，能实现将粪浆全部转化为有机肥原料。

（4）达标排放。对养殖场固液分离后的液体粪污进行厌氧发酵+好氧处理等深度处理，处理后将其排入环境水体的，出水水质不得超过国家或地方规定的水污染物排放标准和重点水污染物排放总量控制标准；排入农田灌溉渠道的，还应保证其下游最近的灌溉取水点水质符合《农田灌溉水质标准》（GB 5084）要求。

该技术模式不需要建设配套的贮存设施，但投资大、粪污处理成本高，适用于养殖场周围没有配套农田的规模化猪场或奶牛场。

122. 将液体粪污处理到《农田灌溉水质标准》（GB 5048）要求水平属于资源化利用吗？

不属于。将液体粪污处理成粪肥还田施用的过程中，一些地区的施用方式类似于浇灌，但属于资源化利用。而将液体粪污处理到《农田灌溉水质标准》（GB 5048）要求水平是指对液体粪污进行深度处理，对其中难降解的有机物、氮、磷进行去除后作为农田灌溉用水，其对污染物的去除要求远高于《畜禽养殖业污染物排放标准》（GB 18596），不属于资源化利用。

123. 畜禽养殖场应配套建设哪些液体粪污处理设施？

畜禽养殖场应根据液体粪污处理利用方式，配套建设相应的液体粪污处理设施。主要有粪污收集设施（贮粪坑、贮粪池）、畜禽粪污暂存设施、敞口贮存设施（氧化塘、化粪池）、密闭贮存设施、沼气发酵设施（沼气工程、户用沼气池、沼液沉淀池）、异位发酵床、液体粪污深度处理设施。

（1）交由第三方处理机构处理畜禽粪污的，应按照转运时间间隔建设畜禽粪污暂存设施。

（2）采用肥水还田利用模式处理液体粪污的，养殖场应配套建设氧化塘、化粪池或密闭贮存设施。

（3）采用沼液还田模式处理液体粪污的、畜禽粪污采用沼气工程进行厌氧处理的，应配套调节池、固液分离机、贮气设施、沼渣沼液贮存池等设施设备；畜禽粪污采用户用沼气池进行厌氧处理的，应符合户用沼气池设计规范要求，要有必要的配套设施。

（4）采用异位发酵床工艺处理液体粪污的，畜禽养殖场应配套建设发酵床，并配套供氧、除臭和翻抛等设施设备。

（5）采用液体粪污深度处理设施进行深度处理的，根据不同工艺可配套集水池、曝气池、沉淀池、高效固液分离机、厌氧反应池、好氧反应池、高效脱氮除磷装置、膜生物反应器、膜分离浓缩装置、机械排泥装置、臭气处理装置等设施设备。

124. 畜禽液体粪污处理池建设有哪些要求？

（1）设施设备总体要求。畜禽养殖场（户）应根据养殖污染防治要求和当地环境承载能力，配备与设计生产能力、粪污处理利用方式相匹配的畜禽粪污处理设施设备，满足防雨、防渗、防溢流和安全防护要求，并确保正常运行。交由第三方处理机构处理畜禽粪污的，应按照转运时间间隔建设畜禽粪污暂存设施。畜禽养殖场（户）应当采取措施，对畜禽粪污进行科学处理，防止污染环境。

（2）液体粪污贮存发酵设施。畜禽养殖场（户）通过敞口贮存设施处理液体粪污的，容积不小于单位畜禽液体粪污日产生量[m³/（d·头）、m³/（d·只）]×贮存周期（d）×设计存栏量（头、只），推荐贮存周期在180d以上。鼓励有条件的畜禽养殖场（户）建设两个以上敞口贮存设施交替使用，其设计应符合《畜禽养殖污水贮存设施设计要求》（GB/T 26624）相关要求。

畜禽养殖场（户）通过密闭贮存设施处理液体粪污的，密闭贮存设施容积不小于单位畜禽液体粪污日产生量[m³/（d·头）、m³/（d·只）]×贮存周期（d）×设计存栏量（头、只），推荐贮存周期在90d以上。鼓励有条件的畜禽养殖场（户）建设两个以上密闭贮存设施交替使用，其设计应符合《畜禽养殖污水贮存设施设计要求》（GB/T 26624）要求。

（3）畜禽养殖场（户）。采用异位发酵床工艺处理液体粪污的，发酵床建设容积一般不小于0.2m³/头（生猪）、0.003 3m³/只（肉鸡）、0.006 7m³/只（蛋鸡）或0.013m³/只（鸭）×设计存栏量（头、只），并配套供氧、除臭和翻抛等设施设备。

（4）液体粪污深度处理设施。对固液分离后的液体粪污进行深度处理的，根据不同工艺可配套集水池、曝气池、沉淀池、高效固液分离机、厌氧反应池、好氧反应池、高效脱氮除磷装置、膜生物反应器、膜分离浓缩装置、机械排泥装置、臭气处理装置等设施设备，做好防渗、防溢流工作。

（5）沼气发酵设施。畜禽液体粪污采用沼气工程进行厌氧处理的，执行《沼气工程技术规范第1部分：工程设计》（NY/T 1220.1）相关要求；畜禽粪污采用户用沼气池进行厌氧处理的，应符合《户用沼气池设计规范》（GB/T 4750）要求，建设必要的配套设施。

125. 畜禽液体粪污充分发酵腐熟的标准是什么？

畜禽液体粪污可以选用沼气发酵、高效厌氧、好氧发酵、自然生物处理等技术进行无害化处理，还田利用的应确保充分发酵腐熟，处理后蛔虫卵、粪大肠杆菌、镉、汞、砷、铅、铬、铊和缩二脲等物质应达到《肥料中有毒有害物质的限量要求》（GB 38400）要求。腐熟的有机肥灰褐色、无臭味、呈粒状而无机械杂质；生物有机肥中乳酸菌含量均>10⁸CFU/g，总活菌数、有机质和总养分均满足《肥料中粪大肠菌群的测定》（GB/T 19524.1—2004）的规定，并且其中均不含活虫卵和致病菌，大肠杆菌含量<10²CFU/g。将其作为基肥种植青菜，相比于复合肥，生物有机肥表现出来较为明显的优势[①]。适用于有机肥料、生物肥料、腐植酸钾等以非无机盐形式标明养分的肥料（表3-4、表3-5）。

---

①喻东，2017.鸡粪的微生物快速发酵和腐熟技术的研究[D].昆明：昆明理工大学.

表3-4　肥料中有毒有害物质的限量要求（基本项目）

序号	项目	含量限值	
		无机肥料	其他肥料[a]
1	总镉（mg/kg）	≤ 10	≤ 3
2	总汞（mg/kg）	≤ 5	≤ 2
3	总砷（mg/kg）	≤ 50	≤ 15
4	总铅（mg/kg）	≤ 200	≤ 50
5	总铬（mg/kg）	≤ 500	≤ 150
6	总铊（mg/kg）	≤ 2.5	≤ 2.5
7	缩二脲[b]（%）	≤ 1.5	≤ 1.5
8	蛔虫卵死亡率（%）	—[c]	95
9	粪大肠菌群数（CFU/g 或 CFU/mL）	—[c]	≤ 100

注：a指除无机肥料以外的肥料，有毒有害物质含量以烘干基计；b表示仅在标明总氮含量时进行检测和判定；c指该指标不做要求。

表3-5　肥料中有毒有害物质的限量要求（可选项目）

序号	项目	含量限值	
		无机肥料	其他肥料[a]
1	总镍（mg/kg）	≤ 600	≤ 600
2	总钴（mg/kg）	≤ 100	≤ 100
3	总钒（mg/kg）	≤ 325	≤ 325
4	总锑（mg/kg）	≤ 25	≤ 25
5	苯并[a]芘（mg/kg）	≤ 0.55	≤ 0.55
6	石油烃总量[b]（%）	≤ 0.25	≤ 0.25
7	邻苯二甲酸酯类总量[c]（mg/kg）	≤ 25	≤ 25
8	三氯乙醛（mg/kg）	≤ 5.0	—[d]

注：a指除无机肥料以外的肥料，有毒有害物质含量以烘干基计；b为石油烃总量为$C^6 \sim C^{36}$的总和；c表示邻苯二甲酸酯类总量为邻苯二甲酸二甲酯（DMP）、邻苯二甲酸二乙酯（DEP）、邻苯二甲酸二丁酯（DBP）、邻苯二甲酸丁基苄酯（BBP）、邻苯二甲酸二（2-乙基）己基酯（DEHP）、邻苯二甲酸二正辛酯（DNOP）、邻苯二甲酸二异壬酯（DINP）、邻苯二甲酸二异癸酯（DIDP）8种物质的总和；d表示该指标不做要求。

126. 畜禽液体粪污处理达标排放的标准是什么？

畜禽液体粪污经深度处理后，满足《畜禽养殖业污染物排放标准》（GB 18596）要求：排入环境水体的，出水水质不得超过国家或地方规定的水污染物排放标准和重点水污染物排放总量控制标准。排入农田灌溉渠道的，还应保证其下游最近的灌溉取水点水质符合《农田灌溉水质标准》（GB 5084）要求（表3-6～表3-10）。

表3-6　集约化畜禽养殖业水冲工艺废水最高允许排放量

项目	猪 [m³/（百头·d）]		鸡 [m³/（千只·d）]		牛 [m³/（百头·d）]	
	冬季	夏季	冬季	夏季	冬季	夏季
标准值	2.5	3.5	0.8	1.2	20	30

注：废水最高允许排放量的单位中，百头、千只均指存栏数。春、秋季废水最高允许排放量按冬、夏两季的平均值计算。

表3-7　集约化畜禽养殖业干清粪工艺最高废水允许排放量

项目	猪 [m³/（百头·d）]		鸡 [m³/（千只·d）]		牛 [m³/（百头·d）]	
	冬季	夏季	冬季	夏季	冬季	夏季
标准值	1.2	1.8	0.5	0.7	17	20

注：废水最高允许排放量的单位中，百头、千只均指存栏数。春、秋季废水最高允许排放量按冬、夏两季的平均值计算。

表3-8　集约化畜禽养殖业水污染物最高允许日均排放浓度

控制项目	五日生化需氧量（mg/L）	化学需氧量（mg/L）	悬浮物（mg/L）	氨态氮（mg/L）	总磷（以P计，mg/L）	粪大肠菌群数（个/100mL）	蛔虫卵（个/L）
标准值	150	400	200	80	8.0	1 000	2.0

表3-9　农田灌溉水质基本控制项目限值

序号	项目类别	作物种类		
		水田作物	旱地作物	蔬菜
1	氰化物（以CN⁻计）（mg/L）	≤0.5		
2	氟化物（以F⁻计）（mg/L）	≤2（一般地区），≤3（高氟区）		
3	石油类（mg/L）	≤5	≤10	≤1

（续）

序号	项目类别	作物种类		
		水田作物	旱地作物	蔬菜
4	挥发酚（mg/L）	≤1		
5	总铜（mg/L）	≤0.5	≤1	
6	总锌（mg/L）	≤2		
7	总镍（mg/L）	≤0.2		
8	硒（mg/L）	≤0.02		
9	硼（mg/L）	≤1[a]，≤2[b]，3[c]		
10	苯（mg/L）	≤2.5		
11	甲苯（mg/L）	≤0.7		
12	二甲苯（mg/L）	≤0.5		
13	异丙苯（mg/L）	≤0.25		
14	苯胺（mg/L）	≤0.5		
15	三氯乙醛（mg/L）	≤1	≤0.5	
16	丙烯醛（mg/L）	≤0.5		
17	氯苯（mg/L）	≤0.3		
18	1,2-二氯苯（mg/L）	≤1.0		
19	1,4-二氯苯（mg/L）	≤0.4		
20	硝基苯（mg/L）	≤2.0		

注：a表示对硼敏感作物，如黄瓜、豆类、马铃薯、笋瓜、韭菜、洋葱、柑橘等；b表示对硼耐受性较强的作物，如小麦、玉米、青椒、小白菜、葱等；c表示对硼耐受性强的作物，如水稻、萝卜、油菜、甘蓝等。

表3-10　农田灌溉水质选择控制项目限值

序号	项目类别	作物种类		
		水田作物	旱地作物	蔬菜
1	pH	5.5～8.5		
2	水温（℃）	≤35		
3	悬浮物（mg/L）	≤80	≤100	≤60[a]，≤15[b]
4	五日生化需氧量（BOD_5）（mg/L）	≤60	≤100	≤40[a]，≤15[b]
5	化学需氧量（COD_{Cr}）（mg/L）	≤150	≤200	≤100[a]，≤60[b]
6	阴离子表面活性剂（mg/L）	≤5	≤8	≤5

（续）

序号	项目类别	作物种类		
		水田作物	旱地作物	蔬菜
7	氯化物（以Cl计）（mg/L）	≤350		
8	硫化物（以S²⁻计）（mg/L）	≤1		
9	全盐量（mg/L）	≤1 000（非盐碱土地区），≤2 000（盐碱土地区）		
10	总铅（mg/L）	≤0.2		
11	总镉（mg/L）	≤0.01		
12	铬（六价）（mg/L）	≤0.1		
13	总汞（mg/L）	≤0.001		
14	总砷（mg/L）	≤0.05	≤0.1	≤0.05
15	粪大肠菌群数（MPN/L）	≤40 000	≤40 000	≤20 000[a]，≤10 000[b]
16	蛔虫卵数（个/10L）	≤20		≤20[a]，≤10[b]

注：a表示加工、烹调及去皮蔬菜；b表示生食类蔬菜、瓜类和草本水果。

127. 畜禽液体粪污贮存发酵设施需要满足哪些要求？

根据《畜禽养殖场（户）粪污处理设施建设技术指南》（农牧办〔2022〕19号），畜禽液体粪污贮存发酵设施应当按以下要求建设：

（1）敞口设施。畜禽养殖场（户）通过敞口贮存设施处理液体粪污的，应配套必要的输送、搅拌等设施设备，容积不小于单位畜禽液体粪污日产生量[m³/（d·头）、m³/（d·只）]×贮存周期（d）×设计存栏量（头、只），推荐贮存周期在180d以上，确保充分发酵腐熟，处理后蛔虫卵、粪大肠杆菌、镉、汞、砷、铅、铬、铊和缩二脲等物质的含量应符合《肥料中有毒有害物质的限量要求》（GB 38400）规定。鼓励有条件的畜禽养殖场建设两个以上敞口贮存设施交替使用。

（2）密闭设施。畜禽养殖场（户）通过密闭贮存设施处理液体粪污的，应采用加盖、覆膜等方式，减少恶臭气体排放和雨水进入，同时配套必要的输送、搅拌、气体收集处理或燃烧火炬等设施设备。密闭贮存设施容积不小于单位畜禽液体粪污日产生量[m³/（d·头）、m³/（d·只）]×贮存周期（d）×设计存栏量（头、只），推荐贮存周期90d以上，确保充分发酵腐熟，处理后蛔虫卵、粪大肠杆菌、镉、汞、砷、铅、铬、铊和缩二脲等物质含量应符合《肥料中有毒有害物质的限量要求》（GB 38400）规定。鼓励有条件的畜禽养殖场建设两个以上密闭贮存设施交替使用。

（3）异位发酵床。畜禽养殖场（户）采用异位发酵床工艺处理液体粪污的，适用于生猪、家禽全量粪污的处理，发酵床建设容积一般不小于0.2m³/头（生猪）、

0.003 3m³/只（肉鸡）、0.006 7m³/只（蛋鸡）×设计存栏量（头、只），并配套供氧、除臭和翻抛等设施设备（图3-17）。

图3-17　种猪场液体粪便贮存发酵设施

（重庆市梁平区畜牧渔业发展中心，周述俊　摄）

128. 畜禽液体粪污贮存设施安全生产需注意什么？

（1）严禁未辨别风险进入设施。
（2）严禁未充分通风进入设施。
（3）严禁未检测合格进入设施。
（4）严禁无防护装备进入设施。
（5）严禁无人员监护进入设施。
（6）严禁无应急措施进入设施。
（7）严禁携带明火进入设施作业。
（8）严禁设施未断电就开展维修。
（9）严禁无防护措施盲目施救。
（10）严禁无安全措施拆除设施。

129. 沼气工程处理畜禽液体粪污的优势有哪些？

沼气工程是处理畜禽液体粪污最常用的方法，针对畜禽养殖场（户）液体粪污产生量大、产生时间持续性强、富含各种有机物质和病原微生物的特点，总结出以下优势：

（1）整体运行稳定，工作性能可靠。沼气工程可以畜禽液体粪污进料、厌氧发酵处理、沼液沼渣出料同时连续进行，不会中断养殖过程，适用于大型养殖场与"水泡粪"工艺养殖场的液体粪污的处理。

（2）处理成本较低，经济性好。沼气工程厌氧发酵设施容积大、污水滞留期长、沼气产生量大、运行处理费用低。

（3）减少疾病传播。畜禽养殖场（户）的粪污及其他废弃物中的各种病原微生物、寄生虫卵等在经过中、高温厌氧发酵后基本都能被杀灭，很好地抑制了疾病的传播和蔓延。

（4）增加优质可再生资源利用。沼气产物作为优质能源，发酵产生的沼气经过脱硫处理，就是优质的清洁燃料，可供养殖场（户）内生产生活以及并网发电使用。沼液不仅肥效好、营养成分可以被作物吸收，还含有各种对有害病菌具有抑制和杀灭作用的活性物质；沼渣营养成分更加丰富，还有一些矿物质，是优质的固体肥料，能改良土壤。

（5）改善养殖场（户）环境卫生。对畜禽液体粪污进行厌氧发酵处理可以减少甚至避免粪污贮存过程中臭气的排放，能有效改善养殖场（户）及其周围的空气质量（图3-18）。

图3-18 养殖场沼气工程

（重庆市梁平区畜牧渔业发展中心）

130. 通过何种方式能够降低处理后的沼液中的COD和氨氮含量？

沼液属于高浓度有机废水，其COD、氨氮含量可分别达到1 000 ～ 5 000mg/L和

600 ～ 1 200mg/L。可以通过以下方法降低处理后的沼液中的COD和氨氮含量：

（1）化学混凝法。加入絮凝剂，通过絮凝剂的吸附架桥、双电层的压缩和净捕破坏胶体。使细小悬浮物和胶体聚集在一起形成沉淀，从而达到泥水分离的目的，可有效去除水中多种高分子有机物质，设备简易，维护操作方便，处理效果好，但运行成本高，会产生大量污泥。

（2）生物处理法。通过利用微生物群，将有机物质转化为无机物质，从而降低COD。生物处理系统可以采用活性污泥法、生物膜法或者人工湿地法等。在这些系统中，细菌和其他微生物会分解有机物质并将其转化为二氧化碳和水。这种方法对于降低COD非常有效。

（3）臭氧氧化法。臭氧是一种氧化剂，依靠氧化剂的氧化性对废水中的污染物进行消毒。臭氧具有氧化能力强、反应迅速、工艺简单、无二次污染问题等优点，被广泛应用于环保和化工领域。但臭氧生产的电耗高、成本高。

（4）COD降解剂。用COD降解剂强氧化分解水中的有机物质，用量少，反应速度快。反应5 ～ 6min即可完成，操作简单，而且不会出现二次污染问题，可以有效解决出水COD超标的问题（图3-19）。

图3-19　生猪养殖场沼液池
（重庆市梁平区畜牧渔业发展中心，周述俊　摄）

131. 如何提高沼液浓缩膜耐用性？

沼液膜浓缩技术就是通过沼液浓缩膜去除沼液中多余的水分，从而对沼液进行分离和浓缩的一种方法，具有提高沼液浓度、减少污染、降低处理成本、提高经济效益的优点。提高沼液浓缩膜耐用性可以从以下几方面着手：

（1）需要选择合适的膜材料，以保证膜的通透性和选择性。一般来说超滤膜耐用性强于反渗透膜，超滤膜孔径越大，耐用性越好，但浓缩能力越低。

（2）需要对沼液进行预处理，以去除其中的杂质和污染物，以保证膜的稳定性和寿命。浓缩膜的使用寿命也取决于沼液进水水质和水量，在进入浓缩膜前应当对沼液进行预处理，过滤铁锈、毛发、饲草料残渣及其他悬浮物，防止大颗粒杂质进入导致浓缩膜破裂或过早堵塞而缩短浓缩膜的使用寿命。

（3）需要对浓缩膜进行维护和保养，以延长其使用寿命和提高其分离效率，浓缩膜一旦吸附量达到饱和便会堵塞，影响使用寿命。所以要对浓缩膜进行定期清洗保养，延长其使用寿命。

（4）清理断水后浓缩设备内的沉淀物。长时间断水后，设备内会沉积大量沉淀物、铁锈等，必然会污染浓缩膜，影响浓缩膜的正常使用。所以停水后进行污染物处理之后才可再次使用浓缩膜，这样也可提高浓缩膜的耐用性。

132. 浓缩后的沼液如何达到有机肥标准？

经过浓缩得到的沼液，可作为原材料被输送至液体有机肥生产线制作液体有机肥，可施用于周边农田，工艺如下：

（1）预发酵。将固液分离后的沼液泵送至预发酵池中进行预发酵，并贮存一定量的备用沼液，按照生产效率要求进行调节。

（2）沉降过滤。根据产品类别以及施用方法的要求，使用沉降过滤塔进一步去除沼液中的颗粒物，过滤掉沼液中≥0.25mm的颗粒。

（3）复发酵。根据产品对黄腐酸、氨基酸以及多元有机酸富集的要求，在复发酵罐中控制温度以及搅拌速率，严格控制辅料配比以达到富集黄腐酸、氨基酸以及多元有机酸的目的。

（4）絮凝。将复发酵罐体流出的沼液泵送至絮凝罐中，适当地加入絮凝剂、消泡剂等，进行搅拌，并将挟气絮凝物刮出。目的是进一步去除液体中的细小悬浮微粒和泡沫，以利于产品络合、复配。

（5）超细过滤。生产叶面肥的时候，需要进一步去除液体中的微小颗粒，使其粒径≤0.1mm的颗粒达到水溶状态，确保施用时不堵塞喷头。

（6）络合。依据产品的要求，添加一些微量元素，如铁、锌、铜、锰、钼、硒、硼等，使其与腐植酸、氨基酸、有机酸等进行有效络合。

（7）复合配位。根据不同肥料种类、作物营养不同需求，通过添加大量元素进行螯合复配。

（8）灌装。将复配后的肥料泵送至成品罐，控制产品质量，防止温度升高、霉变或结晶，并适度搅拌。然后灌装做成商品[①]。

---

①刘晓曼，2019. 浅谈"沼渣、沼液工艺技术方案" [J]. 中外企业家（7）：136.

133. 如何实现畜禽养殖废水高效肥料化厌氧处理？

畜禽养殖废水厌氧处理法又称厌氧消化法，其机理是在厌氧细菌的作用下将畜禽养殖废水中的有机物质分解，分解后产生甲烷和二氧化碳等气体，净化畜禽养殖废水。畜禽养殖废水高效肥料化厌氧处理需要注意以下方面：

（1）畜禽养殖废水进料总固体与有机物质浓度控制。虽然从理论上来讲，畜禽养殖废水进料总固体浓度越高越好，能有更长的停留时间和更少的沼液产生量。但是实际运行中，需要综合平衡物料输送和厌氧消化系统内搅拌强度的可行性。根据实际运行经验，对进入厌氧系统的畜禽养殖废水进行一系列预处理，去除其中的金属、塑料、砂砾等无机杂物，使总固体物中的有机物质达到90%以上，废水浓度一般控制在10%～12%。

（2）温度控制。稳定的反应温度是获得良好厌氧消化效果的必要条件。中温厌氧消化方法的厌氧系统需保持35～38℃的反应温度，通常进料温度高于反应温度并维持厌氧消化系统的环境温度。日常运行也需每日检测厌氧系统温度，并根据实际情况对进料温度进行调整。一旦出现温度剧烈波动的情况，要立即启动换热系统进行温度调节。

（3）降低畜禽养殖废水油脂含量。油脂对厌氧微生物活动存在不利影响。降低饲料中的油脂含量，提高油脂消化率以减少其随养殖废水进入厌氧消化系统，避免生活垃圾，特别是餐厨垃圾进入厌氧消化系统（图3-20）。

图3-20　生猪养殖场厌氧处理设施
（重庆市梁平区畜牧渔业发展中心，周述俊　摄）

134. 畜禽养殖废水种养循环如何提质增效？

种养循环是一种结合种植业和养殖业的生态农业模式，农作物能够给畜禽养殖提供食源，而畜禽养殖产生的粪污又可以作为有机肥，这样既节省了饲料费用，又减少了环境污染。以畜禽养殖废水为主的种养循环农业应当紧密围绕畜禽养殖废水资源化利用，应用沼气工程等厌氧发酵技术，配套设施农业生产技术、畜禽标准化生态养殖技术、特色林果种植技术，构建"畜禽养殖废水—有机肥（沼液）—粮食、果蔬"产业循环布局，从而实现提质增效。

一是畜禽养殖场要通过沼气工程等有效提升养殖废水处理效果，去除病原微生物、重金属等有害物质，为种植业提供优质肥料来源。

二是必须根据土地承载力测算标准，按照养殖量配套足够的农田，配套建设足够的还田管网或其他还田设施设备，解决好还田利用"最后100m"。

三是强化技术指导服务、粪肥质量检测、开展溯源监督等形式，不断提高粪肥质效、减少处理费用，切实提高种植业使用粪肥的意愿和满意度。

四是要有效利用测土配方施肥技术，对不同养殖废水替代化肥模式的化肥减量、有机肥施用量提升效果以及对土壤理化性状、作物产量、农产品品质和经济效益的影响进行跟踪监测、动态调整，不断提升还田利用效果，实现种养循环提质增效（图3-21）。

图3-21　"猪—沼—果"种养循环模式

（重庆市梁平区畜牧渔业发展中心，何发贵　摄）

135. 生物滤池的作用是什么？

生物滤池是一种由碎石或塑料制品填料构成的生物污水处理构筑物，它以土壤自净原理为依据，通过污水与填料表面生长的微生物膜间隙相接触，利用微生物的代谢作用去除水中杂质，使污水得到净化（图3-22）。

生物滤池由沉淀区、曝气区（包括鼓风机）、布水区和集泥区组成：①沉淀区的填料有颗粒状填料和纤维束填料两种。在过滤过程中，水流从下向上通过填料层，杂

图3-22　生物滤池（重庆市梁平区畜牧渔业发展中心）

质被截留在填料的表面，上层的清水则透过筛孔流出。②曝气区的空气经鼓风机的作用被压入水中。当空气中的氧与溶解在水中的有机物质接触时，会发生氧化反应，从而使有机物质分解成二氧化碳和水，达到净化污水的目的。③布水区的功能是均匀地布水和反冲洗。布水管的上部为出水槽，底部装有排水阀，其作用是防止污水倒流。④集泥区的作用是在沉淀和反冲洗后，将污泥集中并定期清理。常见的生物滤池有平流式、上升管式、侧向流动式等。

生物滤池的主要特点：①净化效果好、处理效率高。②处理过程稳定。③可连续运行。④抗冲击负荷能力强。⑤维护管理方便。⑥占地少，运行费用低。

136. 使用异位发酵床处理粪污有哪些优势？

一是可实现无污染的目标。异位微生物发酵床养殖是指养殖与粪污发酵分开，动物不接触垫料，在养殖场（棚）外建垫料发酵舍，将垫料铺在发酵舍内，养殖场粪污收集后利用潜泵均匀喷在垫料上进行生物发酵处理，通过循环利用发酵床中的微生物，高效发酵分解畜禽粪污，粪污处理配套设施占地面积相对较小，产生固体肥料体积小、重量轻，有利于粪污就地处理、异地肥料化利用，实现粪污资源循环高效利用，而且不会产生污染。

二是实现养殖场污染物零排放。异位发酵床零排放系统建设场外垫料池（堆肥池或贮粪池），在充分处理固体粪污的同时，最大限度吸纳、利用污水，使养殖场固、液污染物配套处理，同时可处理生产与生活中的绝大部分废弃物，粪污全量发酵后能有效降低粪污中杂草种子发芽率、大肠杆菌数，提高蛔虫卵死亡率[1]，显著地消减抗生

①董立婷，朱昌雄，马金奉，等，2017.微生物异位发酵床养猪废弃填料的安全性评价[J].中国农业科技导报，19（1）：118-124.

素残留，还会产生可资源化利用的有机肥，实现粪污全量资源化利用、无污染和零排放。

三是提高了生物安全保障。将粪污与养殖分开，在不同区域进行粪污的处理，满足养殖过程中的生物安全要求，避免了交叉感染。养殖区域蚊蝇少、臭味轻、干净整洁，避免了粪污中病菌滋生，降低了畜禽感染疾病的风险和废气等有毒物质对畜禽呼吸道的危害，使得养殖区域生物安全级别更高、更可控[1]。

四是实现了绿色种养循环。发酵床发酵处理后产生的有机肥中有机质含量可达35%以上，将畜禽粪污通过发酵床的方式转化成为高质量有机肥，含多种有益微生物及植物生长的营养，可作为蔬果、农作物的有机肥，还可以起到保护土壤环境的作用，减少土壤板结，减少化肥使用，有利于绿色生态可持续发展，促进农业生产的高质量发展（图3-23）。

图3-23　发酵床及有机肥生产（曾佑祥　摄）

①李路瑶，王汉清，李艳芩，等，2021. 原位和异位发酵床控制生猪养殖废弃物污染对比[J]. 农业环境科学学报，40（10）：2208-2216.

137. 建设异位发酵床需配套哪些设施设备及有哪些注意事项？

异位发酵床配套设施设备主要包括刮粪机、固液分离机、翻抛机、装载机、吸污泵、温度计、卤素水分测定仪、粪污喷淋机、移位机等。

异位发酵床设计建设以确保微生物有效分解粪污中有机物质和散失水分为标准，根据规模修建单个或多个发酵槽体，槽体长、宽、高根据养殖场规模、翻抛机大小确定，长度不宜超过100m，宽度一般控制在3～5m（与翻抛机匹配），高度宜在1.0～1.5m，要求实行雨污分流，屋顶应透光、防水并配置气窗。发酵床墙体四周设排水沟，发酵床纵向地面应设渗水槽，上面覆盖能渗滤水的渗水砖，以回收喷洒垫料中多余的渗滤液，使其进入污水循环池，再将其抽至粪污池二次利用。

垫料功能菌群的适宜生长酸碱度（pH）为7.5左右，正常情况下喷洒菌液2～3d后升温，发酵4～6d后，垫料中央温度上升到50℃以上，即可摊开形成发酵床，一般每3个月补充维护菌种，确保菌种优势生长，抑制杂菌及有害菌。使用搅拌机搅拌粪污后，采取边搅拌边喷淋的方式，用喷淋机将粪污均匀喷淋在含发酵微生物的垫料上，控制含水率在55%～65%，每立方米垫料每次喷洒粪污25～30L，喷洒后用翻抛机翻抛1次，以便将粪污打碎，充分和垫料搅拌混合，有利于空气流通、水分蒸发，平时视发酵温度调整翻抛次数。垫料与粪污混合物发酵温度在30～50℃最佳，冬季不低于20℃，夏季不低于30℃，低温季节注意保温，高温季节要保证通风换气，便于水汽蒸发[①]（图3-24、图3-25）。

图3-24 翻抛机1（曾佑祥 摄）

图3-25 翻抛机2（曾贤彬 摄）

---

①贺世奇，2022. 畜禽养殖废弃物资源化利用：异位发酵床模式 [J]. 湖南农业（4）：1.

138. 异位发酵床建设面积应如何确定？

建设异位发酵床一般需要对当地的自然条件进行详细的调查，包括气候、年均气温与降水量、风向、土壤性质、湿度等内容，异位发酵床的建设面积与饲养畜禽的品种、垫料可消纳粪污量等因素有关，如以存栏15 000生猪当量为例测算异位发酵床建设面积如下：

每立方米垫料可消纳粪污按照60 ～ 75kg或每吨粪污需要垫料13.33 ～ 16.66m³的参数进行测算，15 000头生猪每天产生的粪污量约为82.5t，如按3d处理一次计算为247.5t，则需要垫料大约3 713m³，如垫料厚度为1.7m，则计算出应建设垫料池大约2 184m²。

发酵床计算方法：发酵床所需容积＝粪污总量×粪污所需垫料的平均值（13.33 ～ 16.66m³/t，取值15m³/t)，即247.5t×15m³=3 712.5m³。

根据地形设计发酵床面积，计算方法：所需发酵床面积＝发酵床所需容积÷垫料的高度，即3 712.5m³÷1.7m=2 184m²。

在建设异位发酵床时还应建设贮液池，贮液池容积一般可按照每头生猪不小于0.005 5m³的标准进行建设，同时应做好防雨防渗等措施。

贮液池容积的计算方法：贮液池容积＝存栏量×成品猪每天排放量×3，即15 000头×0.005 5m³/（头·d）×3d = 247.5m³（图3-26、图3-27）。

图3-26　异位发酵床1（曾佑祥　摄）

图3-27　异位发酵床2（郑龙光　摄）

139. 我国南北地区温度和湿度差异较大，如何根据养殖场自身需要选择合适的异位发酵床菌种？

发酵床菌种发酵剂是专门用于养殖场粪污处理的高效生物发酵剂，能够将粪污等废弃物转化为高品质的能源。发酵床菌种由能够分解畜禽粪污的芽孢杆菌、酵母菌和乳酸菌等多种菌株复配而成，菌株间互不拮抗，且有协同作用，具有极强的有机物质分解能力，能迅速腐熟粪污、去除粪污臭味、消除病虫、杂草种子和富集养分。养殖场在选择异位发酵床菌种时应选择有生产许可证、后期服务有保障的生产厂家，并严格按照产品使用说明进行使用，确保有效分解粪污，减少对垫料稻壳与锯末物理结构的破坏，固定氮源，减少臭气排放，快速升温，提高水分散发效率。在初次建设发酵床时每立方米使用发酵剂1 000g，平时维护发酵床时每立方米补充菌种用量500g。

异位发酵床菌种由乳酸菌、反硝化细菌、枯草芽孢杆菌、地衣芽孢杆菌及酵母菌等菌种复合而成，每克含有益菌总数>10亿CFU。乳酸菌能够抑制大肠杆菌的繁殖，从而达到快速除臭的目的，使氨气味显著变淡，厌氧代谢能力强，分解粪污的能力极强，非常适合用作发酵床菌种。反硝化细菌可将硝态氮转化为氮气而不是铵态氮挥发到空气中去，即对粪污进行脱氮处理，减少粪污中的总氮量，从而提高碳氮比，促进发酵，并显著延长发酵床使用寿命。枯草芽孢杆菌在生长过程中产生的枯草菌素、多黏菌素、制霉菌素等活性物质对致病菌有明显的抑制作用。酵母菌利用氨基酸、糖类及其他有机物质产生发酵力，合成促进细胞生长及分裂的活性物质，为其他有效微生物（如乳酸菌、放线菌）增殖提供所需基质（图3-28）。

图3-28 异位发酵床3（曾佑祥 摄）

140. 建设异位发酵床如何挑选合适的辅料？

发酵辅料是异位发酵床的重要成分，其种类直接影响异位发酵床的粪污降解效率。在挑选辅料时要因地制宜和根据不同畜种选择吸水性、透气性好的原料，目前的发酵辅料主要有锯末、稻壳、菌糠、秸秆等。由于畜禽粪污（特别是猪粪）的碳氮比较低、含水量较高，制作发酵床应选择碳氮比高、糖类含量高、透气、吸水吸附性能良好、细度适宜的垫料，以保证发酵过程的持续高效[1]。锯末在垫料中的主要功能是保持水分含量并为微生物提供稳定的碳源。从目前微生物发酵床垫料在各地的使用情况来看，以锯末为主配以其他物料作为发酵床垫料效果良好。稻壳透气性能比锯末好，灰分含量比锯末高，使用效果和寿命次于锯末。实践中常将锯末与稻壳混合使用以提高发酵效果。

菌糠是以棉籽壳、锯末、水稻秸秆、玉米芯、甘蔗渣等为主要原料栽培食用菌后的废弃培养基。用菌糠替代部分锯末不影响发酵效果，在菌糠资源比较充足的条件下，可以广泛使用[2]。秸秆垫料具有来源充足、价格低的优点，与传统发酵床垫料相比可降低垫料成本。通过开发秸秆型垫料资源，不仅可以解决发酵床垫料资源限制性问题，降低生态发酵床养殖成本，也为农作物秸秆资源综合利用找到了新的出路（图3-29）。

图3-29 异位发酵床添加辅料
（覃飞 摄）

141. 如何更好地控制异位发酵床的温度和湿度？

首先是完善监控管理制度，建立记录台账，按时记录温湿度变化。其次是根据温湿度变化采取适宜的控制措施。

（1）异位发酵温度控制要点。垫料30cm处温度50℃左右（垫料越厚温度越高），垫料表面温度不超过40℃。运行过程中主要避免温度过低，可以通过少量多次进料、严格控制每日进料量、做好密闭防风保温等加以控制。温度合适与否的判断方法：手掌插入垫料感觉微微发烫则温度合适[3]。

（2）异位发酵湿度控制要点。对发酵床水分的控制很关键，过干过湿均会影响发酵效果，水分过多甚至会出现死床现象，发酵床垫料的含水率控制在40%～45%为宜，若水分偏少可以使用集尿池中的尿液进行调节，含水率偏高可使用畜禽干粪污进行调节，垫料水分判断标准为用手紧握一团垫料松开后依然成团且无水滴（朱银城等，2019）（图3-30）。

---

[1]刘宇峰，罗佳，严少华，等，2015.发酵床垫料特性与资源化利用研究进展[J].江苏农业科学，31（3）：700-707.

[2]贾月楼，陆亚珍，张敏，等，2013.菌糠在发酵床垫料中的应用研究[J].当代畜牧（3）：13-14.

[3]樊孝军，刘明雄，伍运梅，等，2020.异位发酵床的建设与管理技术要点[J].畜牧兽医科技信息（10）：1.

图3-30 异位发酵床4（郑龙光 摄）

142.如何避免异位发酵床出现死床现象？

一是建立完善的温度、湿度监控制度，每天分不同部位监控不同深度的温度，每天记录，查看到温度记录表有下行趋势，及时排查水分超标问题，暂停1～2d的粪污加注，每天翻抛，待温度升至正常水平再加注粪污。

二是做好发酵床基建，做好防水防雨工作，避免不必要的水分进入异位发酵床导致水分过多而影响发酵效果。

三是选择合适的异位发酵床辅料，因地制宜地选择吸水性、透气性好的原料，如稻壳、锯末（木屑）、甘蔗渣、蘑菇渣、秸秆、谷壳等。腐烂、霉变或使用过化学防腐物质的原料不能使用。可选择添加麦麸、饼粕红糖或糖蜜等辅料，主要是用来调节物料水分、C/N、C/P、pH、通透性，可选择其中的一种或几种，比例不超过垫料的2%。

四是生态养殖，减少养殖过程中广谱抗生素的使用，避免抗生素残留抑制发酵床微生物的繁殖。配套养殖过程节水工艺，做好雨污分流（图3-31）。

图3-31 异位发酵床5
（朱林 摄）

143. 异位发酵床管理要点有哪些？

一是利用干清粪和水泡粪方法将粪污收集到集粪池后使用搅拌机搅拌均匀，利用潜水泵将粪污均匀喷在垫料上，首次添加需要调节至合适的发酵需水量才能升温，需要合理计算添加量，将水分调节至50%左右。

二是在每次喷洒粪污量根据混合后垫料的含水率调节，并根据季节和天气调节添加量，严防一次添加过多，使床体水分过多导致死床。

三是喷淋时需要尽量喷洒均匀，添加一次翻抛一次，1～2d喷淋翻抛一次最佳，以最大限度地蒸发水分降低含水率。当堆体温度降低至50℃以下时，应暂停加入粪污，增加翻抛次数。

四是要及时补充垫料及菌种，当发酵池内发酵基质的高度沉降20cm以上时，应及时补充垫料，以维持池内发酵基质的总量。每月补充一次菌种，按照有机肥发酵剂精品100g/m³的标准进行补充，以保证异位发酵床的正常运行。

五是要建立温度监控管理制度，温度是评估垫料运行是否正常的一个重要指标。养殖场应建立垫料温度检查及记录制度。每天喷洒前，对发酵床的垫料表层（30cm）、中层（50cm）、深层（80cm）进行温度监控，每天测定、每天记录，管理人员可以根据温度的变化趋势及时对异位发酵床进行调整，以充分利用异位发酵床的消纳能力，也能及时避免死床（图3-32、图3-33）。

图3-32　翻抛机3（覃飞　摄）　　　　图3-33　翻抛机4（曾贤彬　摄）

144. 畜禽养殖场臭气的来源有哪些？

随着畜牧业生产经营规模的不断扩大和集约化程度的不断提高，在生产出大量畜禽产品的同时也排放出大量的恶臭气体，这些恶臭气体主要来自畜禽的粪尿、污水、垫料、饲料残渣、畜禽的呼吸气体、畜禽皮肤分泌物、死禽死畜等，并与养殖区的通风状况和空气中的悬浮物密切相关。其中畜禽粪尿和污水是养殖场恶臭的主要发生源。

畜禽粪尿和冲洗养殖舍的污水中含有丰富的糖类、脂肪、蛋白质、矿物质、维生素等成分。这些成分是微生物生长繁殖的营养源，厌氧条件下，糖类分解生成甲烷、有机酸和醇类。蛋白质、氨基酸等经细菌的消化降解作用生成氨、乙烯醇、二甲基硫醚、硫化氢、甲胺、三甲胺等具有难闻气味的物质。消化道排出的气体、皮脂腺和汗腺的分泌物、畜体的外激素及黏附在体表的污物也会散发出不同畜禽特有的气味。此外，养殖场空气中的粉尘与恶臭气体的产生关系密切，粉尘是微生物的载体，吸附有大量具有难闻气味的化合物和氨气，同时微生物又不断分解粉尘中的有机物质而产生臭气。

145. 畜禽养殖臭气中含有哪些有害物质？

养殖场的恶臭气味源于多种气体，其组分非常复杂。研究者对畜禽养殖场恶臭气体的成分进行了研究鉴定，发现臭味化合物有168种，这些恶臭物质根据其组成可分为：①含氮化合物，如氨、酰胺、胺类、吲哚类等；②含硫化合物，如硫化氢、硫醚类、硫醇类等；③含氧化合物，如脂肪酸；④烃类，如烷烃、烯烃、炔烃、芳香烃等；⑤卤素及其衍生物，如氯气、卤代烃等。由于各种气体常混合在一起，所以很难区分养殖场的气味到底与哪种特定的气体有关，通常认为养殖场的恶臭主要是由氨气、硫化氢、挥发性脂肪酸（VFA）引起的。

氨气是无色且具有强烈刺激性臭味的气体，在畜禽舍内，主要是由细菌和酶分解粪尿产生的。氨气常被溶解或吸附在潮湿的地面、墙壁和畜禽的黏膜上，刺激畜禽外黏膜，引起黏膜充血、喉头水肿，氨气进入呼吸道可引起咳嗽、气管炎和支气管炎、肺水肿出血、呼吸困难、窒息等症状，吸入肺部的氨气可通过肺泡上皮组织进入血液，并与血红蛋白结合，置换氧基，破坏血液运氧功能，从而使畜禽出现贫血和组织缺氧现象。

硫化氢在畜禽舍内主要由新鲜粪污中含硫有机物厌氧降解产生，特别是在畜禽采食了高蛋白日粮而消化利用率又低时，硫化氢的量就更大。硫化氢是无色且具特殊臭鸡蛋味的可燃性气体，并具有刺激性和窒息性。主要是刺激黏膜，硫化氢接触到畜禽黏膜上的水分时很快就溶解，并与黏液中的钠离子结合生成硫化钠，对黏膜产生刺激作用，使畜禽出现羞明、流泪、咳嗽、鼻炎、气管炎等症状。经肺泡进入血液的硫化氢可与氧化型细胞色素氧化酶的三价铁结合，使酶失去活性，从而影响细胞的氧化过程，引起组织缺氧。长期处于低浓度硫化氢空气状况环境中的畜禽，体质变弱，抗病力下降，易发生肠胃病、心脏疾病等，并会出现植物性神经紊乱、多发性神经炎。高浓度的硫化氢可抑制呼吸中枢，直接导致畜禽死亡。

挥发性脂肪酸是指由乙酸、丙酸、丁酸等所组成的混合物，丁酸和戊酸的臭味较强，其蒸气具有强烈的刺激性、腐败味强，可引起畜禽烦躁不安、食欲减退、抗病力下降、发生呼吸道疾病。长时间处于高浓度的VFA环境中，畜禽会出现呕吐症状，严重者呼吸困难、肺水肿充血。

146. 畜禽养殖臭气的处理方法有哪些？

（1）在畜禽饲料中加入复合微生物+酶制剂产品。要解决养殖场恶臭的问题，首先要从入口开始，在畜禽的饲料中进行调节，添加复合微生物并结合复合酶制剂，比如养猪专用复合益生菌，其中就包含了多种微生物和复合酶制剂，能提高消化吸收率，可使圈舍中的臭味、氨气明显下降。

（2）用微生物处理沼气和污水。养殖场另外一个臭味的源头就是养殖场的污水，现在的养殖场的污水一般是先进沼气池，然后再进入处理池沉淀和处理。人为地将沼气池所需的微生物加到沼气池中，而且加入的量是自然微生物量的千倍以上，沼气池处理粪污的能力就显著提高，沼气池出口水的臭味能明显减轻。

（3）用微生物处理畜禽粪污。养殖场的畜禽粪污不仅是养殖场恶臭的主要原因之一，还会导致大量的苍蝇繁殖，产生更恶劣的环境影响。

用微生物进行发酵处理需要在粪堆上撒一层菌种，然后盖上薄膜进行发酵，发酵完成的畜禽粪污，不仅没有臭味，还成了生物菌肥。

147. 目前应用最为广泛的畜禽养殖臭气处理方法是什么？

（1）在养殖场内外建设绿化带，可减少灰尘、降低恶臭气体与病菌的扩散强度，保持养殖圈舍内空气清新并减少对周围环境的影响。

（2）安装湿帘、喷雾等设备，可有效过滤（图3-34）。

（3）控制系统及报警装置。环境控制技术是一项根据畜禽的生长需要，通过中央控制系统及报警装置，控制调节畜禽养殖圈舍温度、湿度、通风量、有毒有害气体浓度，同时排出舍内的有害空气、湿气、粉尘的管理技术。包括纵向通风、横向通风、过渡通风、垂直通风（图3-35）。

图3-34　湿帘

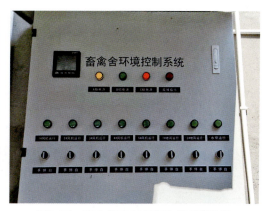

图3-35　畜禽养殖舍环境控制系统装置

148. 畜禽养殖圈舍内的臭气如何处理？

（1）降温除湿。在夏季使用合理的方法降温降湿可有效降低粪污内微生物与病菌的活性，从而降低粪污的分解速度。晴朗的夏日，可在畜禽圈舍屋顶及运动场搭凉棚或遮阳布以避免阳光直射。还可以采用在畜禽圈舍地面与顶部洒水，在家畜圈舍内设置水雾喷头，在家禽圈舍内安装制冷空调等措施来降温。同时保持空气流通、改善通风条件也可减轻畜禽圈舍内的闷热潮湿。此外，尽可能保持粪污干燥，尽量做到粪水分离并及时排放粪污，力求维持圈舍内的干燥清洁。

（2）加强通风。夏季高温会造成畜禽圈舍内氨气与硫化氢等恶臭气体释放速度加快、浓度升高以及恶臭气体的散发强度增加。在结构封闭的圈舍内，水汽不易逸散，存积的水汽会溶解圈舍内的氨气和硫化氢，从而使得圈舍内恶臭气体浓度变得更高。我国多数地区夏季气压比较低，空气湿度相对较大，不利于空气的扩散。而通过加强通风能够有效地排除水汽、降低恶臭气体浓度、改善圈舍环境。此外，加强通风还可减缓粪尿积压造成的厌氧发酵，从而减少甲烷等恶臭物质的产生。在建设养殖场时，养殖场的选址、建筑结构的设计等应充分考虑通风换气的需要。对于已建养殖场，改进场内通风系统，场内设置排风扇、通风机等换气设施，控制场内饲养密度等措施均有助于促进场内的空气流通，达到减轻夏季恶臭污染危害的目的。

（3）减少粉尘。控制粉尘能很大程度上减少恶臭污染物质的扩散和传播。合理饲养管理也可防止灰尘量增加。保持圈舍清洁，及时清除圈舍内粪污并使畜体保持洁净，打扫圈舍及分发饲料时尽量小心以避免尘土飞扬。将粉状饲料改为颗粒饲料，同时注意通风换气等均可减少圈舍内尘埃。有条件的养殖场可采用一系列除尘设施，如机械除尘器、空气过滤器、湿清洁器以及静电除尘器等来降低灰尘量。

（4）其他措施。科学设计日粮配方，通过提高蛋白质及其他营养物质的吸收效率来减少氮的排放和粪的产生。

149. 畜禽养殖场外环境（100m范围内）的臭气如何处理？

（1）在圈舍出风口处加装遮阳帘并加湿，可以吸附一定量的可溶于水的臭气，污水再进入污水处理系统进行处理。

（2）在养殖场内外建设绿化带，可防止灰尘的飘浮、降低恶臭气体与病菌的扩散强度，保持养殖场内空气清新并减少对周围环境的影响。

150. 如何处理畜禽固体粪污产生的臭气？

（1）化学除臭法。即向堆料中添加某些化学药剂，使之与具有臭味的物质发生反应，从而达到堆肥除臭的目的。堆肥过程中的污染物是多样而复杂的，既有疏水性物质，也有亲水性物质。通过喷淋化学溶剂，可去除大部分亲水性的臭气物质。

（2）物化除臭法。堆肥的除臭还可以采用物化除臭法，目前普遍应用的物化除臭法是吸附法，通过添加吸附剂控制恶臭。常用的吸附剂有活性炭、活性纤维、沸石、某些金属氧化物和大孔高分子材料等，活性炭是传统的吸附剂之一，由于其比表面积大、吸附量较大，被广泛应用于各行各业，效果较好。

图3-36　蛋鸡场鸡粪发酵罐

（3）生物除臭法。生物除臭法是通过微生物的生理代谢作用使具有臭味的物质转化，从而达到减少臭气的目的。堆肥过程中，可通过添加微生物菌剂的方法，控制堆肥过程中产生的臭气并将其转化。

（4）机械辅助法。利用相关机械设备处理臭气，用有机肥设备进行发酵加工（图3-36）。

151. 畜禽养殖场粪污暂存池产生的臭气如何处理？

（1）在粪污暂存池上加盖板，这样可以减少一部分臭气的排放。

（2）添加微生物，通过微生物的生理代谢作用使具有臭味的物质转化，从而达到减少臭气的目的。

（3）加快粪污的处理，减少暂存池中粪污的存储时间。

152. 畜禽液体粪污处理在曝氧过程中产生的臭气如何处理？

对畜禽粪污进行固液分离后，液体粪污常采用曝氧方式处理。曝氧通常是指将液体粪污贮存于曝氧池，通过增加氧气供应促进有机物质氧化分解的过程。在曝氧过程中，液体粪污会因发酵而产生臭气，对周围环境和人体健康造成不利影响。为避免臭气影响，建议采取以下措施。

一是合理设计曝氧设施。可以采用封闭式反应器或罩子对曝氧设施进行覆盖，以最大限度减少臭气的释放（图3-37）。

图3-37　曝气池

二是安装气流控制装置。通过精确调节气流的速度和方向，避免臭气外溢。通过使用气流控制装置，可以有效地控制臭气的传播范围，并减少外部环境中的臭气。

三是选择合适的滤料。通过使用活性炭、降解剂等滤料，可以吸附和吸收臭气中的有机物质，从而降低其刺激性和气味强度。定期更换滤料，有效保持其处理效果。

四是添加生物制剂。选择具有高效降解能力的生物制剂，如硝化菌种，可以加速有机物的分解过程，降解氨氮从而减少臭气的产生。同时，定期调整生物制剂的投入量和投入频率，确保其在处理过程中的稳定性和效果。

五是设计通风系统。通过合理设计通风系统，保证设施内部空气流动，及时将产生的臭气排出，从而减少其在设施内的停留时间和扩散时间。

六是定期对设施进行清洗和消毒。清理设施可以清除有机物质和臭气产生源，定期消毒可以杀灭细菌和微生物，减少臭气的生成。

153. 异位发酵床产生的臭气如何处理？

在废弃物分解过程中，微生物会产生硫化氢、甲烷和氨气等气体，这些气体具有强烈的刺激性气味，对周围环境和人体健康造成潜在风险。所以在异位发酵床的安装及使用过程中，我们应尽量采取措施降低臭气影响。

一是对畜禽粪污进行预处理，在投放到异位发酵床前，对畜禽粪污进行适当的分选和粉碎处理，减小畜禽粪污堆码体积、缩短分解时间，从而降低产生臭气的潜力。

二是优化通风系统，增加通风孔数量，合理布局排气设施，促进空气流动，减少气体积聚。可以通过合理设计通风设备，并设置排气口、通风窗等改善通风效果。

三是合理投入具有高效降解能力的生物剂，可以加速有机废弃物的分解过程，减少臭气的产生。选择适当菌种和调整投入量和投入频率，确保生物制剂的稳定性和效果。

四是适当控制异位发酵床的水分含量，避免过湿或过干的情况发生。合理的湿度管理可以减少异位发酵床的水分蒸发和降低床面的潮湿程度，从而减少氨气的挥发。

五是定期翻抛异位发酵床的堆料，这样可以确保有机物质得到均匀的曝气和分解。通过使用翻抛机（图3-38）或装有倒料装置的机械设备，对发酵床内的有机物料进行翻动，既能增加通气量，又能促进有机物的分解，有助于减少臭气的产生。

图3-38　异位发酵床翻抛机

六是在堆料表面覆盖一层覆盖物，如木屑、秸秆等。覆盖物可以减少氨气的挥发和臭气的释放，有效控制异位发酵床的臭气问题。覆盖物还可以吸收残留的水分，降低异位发酵床的湿度，从而减少氨气的产生。

七是定期清洁异位发酵床，清除有机物质的残留和臭气产生源。将发酵床清空后，可通过高压水枪或清洗车将发酵床内的残留物冲洗干净。清洗过程中，使用消毒剂杀灭细菌和微生物，进一步减少臭气的产生（图3-38）。

154. 如何处理畜禽粪污在发酵罐中发酵的过程中产生的臭气？

发酵罐（图3-39）是一种高效处理畜禽粪污的好氧设备，通过氧气供应和微生物作用，将畜禽粪污转化为有机产物。目前在养鸡场、养羊场应用较为普遍。因发酵罐通过电能保持罐体内高温，畜禽粪污在发酵过程中会产生臭气，对周围环境造成一定影响，所以在发酵罐的安装及使用过程中，应注意以下事项。

图3-39　发酵罐

一是采购具有正规生产资质厂家生产的发酵罐。采购前实地了解产品性能及市场口碑，查看营业执照及经营范围，合同应包括用前培训及售后服务等内容。

二是提前对畜禽粪污进行处理。在投放到发酵罐前，对畜禽粪污进行适当的分选和粉碎处理，减小畜禽粪污堆码体积及缩短分解时间，从而降低产生臭气的潜力。

三是发酵罐使用过程中应注意罐体的密封性，确保发酵层不出现气体泄漏。同时优化搅拌及通风散热系统，确保畜禽粪污均匀氧化，投入具有高效降解能力的生物制剂，加速畜禽粪污的分解和降解，减少臭气的产生。

四是适当添加滤料或生物制剂。在罐体的出气口处设置滤料，如活性炭、生物滤料等，能够吸附和吸收臭气中的有机物质，有效减少臭气的产生。或设置雾化喷淋头，添加生物制剂，按1∶（60～80）的比例稀释雾化喷淋，可达到显著除臭的效果。

五是控制罐体内的水分含量。如果水分含量过高，会促进畜禽粪污中有机物质的分解和发酵，导致臭气的产生量增加。因此要适时调整水分含量，避免过湿的情况发生。

六是畜禽养殖场周边选择性种植绿化植物或修建隔离墙，增添防护设施，既可安全生产，也可避免臭气大面积扩散。

155. 常见畜禽养殖除臭剂有哪些？

畜禽养殖行业在处理臭气问题时常会使用除臭剂来有效减少气味的释放和扩散。除臭剂的选择需要考虑其对臭气成分的吸附能力和安全性。常见的畜禽养殖除臭剂包括活性炭、生物滤料、二氧化锰、氯化钙等。

活性炭是一种具有较高吸附能力的除臭剂，其独特的微孔结构能够有效地吸附气味分子，从而降低臭气浓度。空气中的臭气分子接触到活性炭时，它们会被吸附并固定在微孔中，使空气中的臭气得到有效净化。生物滤料是另一种常用的除臭剂，它通过微生物的作用，对有机物质进行降解，从而减少臭气的产生。这些微生物利用有机物质作为它们的食物，通过代谢过程将有机物质分解为无害的物质，从而减少畜禽养殖场中有机物质的堆积和腐烂。使用生物滤料也可以显著减少臭气的释放，并有效改善养殖环境的气味。

此外，在畜禽养殖的除臭处理中，二氧化锰和氯化钙也被广泛应用。二氧化锰利用其催化作用，能够迅速将氨气转化为无臭的氮气，从而达到除臭的目的。它能够有效地降低氨气的浓度，改善养殖环境的空气质量。而氯化钙则具有吸收硫化氢的特性，能够有效地降低臭气中硫化氢的含量，从而减少气味的强度。在使用二氧化锰和氯化钙进行除臭处理时，需要注意浓度的控制和掌握适当的用量，以避免对养殖环境和动物健康产生不利影响。正确地使用这些化学物质能够有效地改善养殖环境的气味问题，提高养殖场的生产效益。

在使用除臭剂时，需要根据畜禽养殖场的具体情况选择合适的除臭剂，并按照使用说明正确投放和监测。为解决臭气问题，常配合使用臭气处理设施和设备，以有效控制臭气的释放和扩散。

156. 畜禽养殖臭气处理设施设备有哪些？

为解决畜禽养殖臭气问题，常使用一系列臭气处理设施和设备，以有效减少和控制臭气的释放和扩散，以下是一些常见的臭气处理设施和设备。

（1）生物滤床。生物滤床是一种常见的臭气处理设施，它利用塑料填料或有机滤料，通过微生物的降解作用有效去除臭气成分，达到除臭目的。该设备广泛适用于畜禽粪尿等有机废水的处理，能有效减少氨气、硫化氢等臭气的排放，从而提高环境空气质量。

（2）活性炭吸附设备。活性炭吸附设备利用活性炭独特的吸附特性，将臭气中的有机物质迅速吸附并固定在其表面，有效抑制气味的扩散。这种设备特别适用于处理高浓度有机臭气，例如工业废气、污水处理厂以及垃圾处理场等场所的臭气。活性炭吸附设备能够将臭气中的有害有机物质捕捉并溶解于其活性表面，使之无法再被释放到环境中，这样可以大大改善空气质量，减少对人体和环境的影响。

（3）生物脱硫设备。生物脱硫设备采用生物法进行脱硫处理，通过微生物分解硫化氢，将其转化为硫，达到除臭的目的。该设备适用于畜禽养殖中硫化氢的处理。

（4）水幕式喷淋设备。水幕式喷淋设备利用高压水喷淋形成水幕，将臭气颗粒和气味成分降到地面，阻止其散播到空气中。这种设备通常被用于畜禽养殖厂房的通风出口处。

（5）UV光解设备。UV光解设备运用紫外线分解臭气中的有机分子，将其转化为无害物质，有效减轻臭气的扩散。同时配合添加二氧化钛作催化剂，可进行二次净化。该装置适用于处理挥发性有机物质等一系列有机臭气，可实现高效净化。

CHAPTER 4

第四章 末端利用

第一节 畜禽粪污的肥料化利用

157. 种养结合、清洁回收和达标排放的定义分别是什么？

种养结合是指通过种植饲料作物以及回收作物秸秆，为畜禽养殖提供食源，畜禽养殖排出的粪便经过发酵制成有机肥还田，充分使物质和能量在动植物之间进行转换循环，形成物质能量互补的生态农业模式。该模式主要包括粪污全量还田模式、粪污堆肥利用模式、粪水肥料化利用模式和粪污能源化利用模式。主要特点是优质高产、高效低耗，形成密切衔接的产业链条，尽可能实现生态平衡，完成多环节、多层次、多领域的增值增收（图4-1）。

图4-1 种养结合

清洁回收是以综合利用和提高资源化利用率为出发点，通过在畜禽养殖场采用高度集成节水的粪污收集方式、遮雨防渗的粪污输送贮存方式、粪污固液分离下液态粪水深度处理后回用和固体粪污资源化利用等处理利用方式，且符合资源化、减量化、无害化原则的粪污资源化利用模式。该模式主要包括粪污基质化利用模式、粪污饲料化利用模式和粪污燃料化利用模式。主要特点是固体粪污和液体粪污经过充分处理后被回收，资源化利用率高。

达标排放模式是指在畜禽粪污土地承载力有限的区域，规模养殖场采取机械干清粪、干湿分离等节水控污措施，控制粪水产生量和污染物浓度。液体粪污通过厌氧发酵+好氧处理等组合工艺进行深度处理，出水水质达到国家排放标准和总量控制要求，而对固体粪污进行堆肥发酵并就近肥料化利用或委托他人进行集中处理。该模式主要针对养殖场的污水处理，主要特点是粪水经深度处理后，可实现达标排放，不需要建设大型粪水贮存池，可减少粪污贮存设施用地。

158. 什么是畜禽粪污肥料化利用？

畜禽粪污肥料化利用是畜禽粪污资源化利用的主要模式之一，即以减量化生产、无害化处理、资源化利用为原则，将全量收集的畜禽粪污或经过固液分离的液体粪污通过三级沉淀池或沼气工程厌氧发酵进行无害化处理，配套建设肥水贮存、输送和配套设施，在施肥季节实行水肥一体化施用，为农田提供有机肥料资源。

该模式的技术要点如下：

一是前期粪污收集。前期坚持源头减量的原则，主要按照"一控两分三防两配套"标准建设粪污贮存设施。"一控"是控制用水量，压减污水产生量；"两分"指的是雨污分流和干湿分离；"三防"是防渗、防雨、防溢流；"两配套"是指养殖场配套建设与养殖规模相适应的固体粪污和液体粪污的贮存场所和处理场所。

二是中期无害化处理。中期处理坚持过程控制原则，对畜禽粪污进行无害化处理。全量收集的畜禽粪污或经过固液分离的液体粪污主要经过三级沉淀池或沼气工程等厌氧处理设施，在无氧条件下，厌氧细菌降解有机污染物，并经过多级沉淀、氧化处理后将其用于农田、林地。

三是后期资源化利用。后期坚持末端利用原则，对经过无害化处理的粪污进行资源化利用。处理后形成的粪水或沼液与灌溉用水按照一定的比例混合，以浇灌为主，进行水肥一体化施用。浇灌需配套相应的管道，具体要求按照《沼肥施用技术规范》（NY/T 2065—2011）执行，施用时按照《土地承载力测算技术指南》要求施用，在种植季节按以地定畜、以地定量的原则还田消纳利用。

159. 如何通过畜禽粪污肥料化利用解决养殖污染问题？

畜禽粪污弃则害，用则利。对畜禽粪污进行肥料化利用，不仅可以有效解决畜禽养殖场环境污染问题，防治农业面源污染，实现畜牧业清洁生产，还可以生产优质有机肥料产品，推动有机肥料产业化进程，实现生态农业可持续发展，实现区域养殖业与种植业有机结合、协调发展，促进农业废弃物处理利用良性循环。

畜禽粪污肥料化利用主要方式有以下几种：

一是粪污全量还田。对养殖场产生的畜禽粪污进行集中收集，全部送入氧化塘贮存发酵，氧化塘发酵分为敞开式好氧发酵和覆膜式厌氧发酵两类，粪污在氧化塘中经过一段时间的发酵之后，对其进行贮存，在施肥季节进行农田利用。这种畜禽粪污处理方式的优势在于粪污收集、处理、贮存成本低，畜禽粪污中的有机物质得以全量收集，养分利用率高。但是粪污贮存周期一般要达到半年以上，占地面积大，需要大量土地建设氧化塘及贮存设施，配套专业的施肥机械、农田施用管网、搅拌设备等辅助设施。

二是粪污堆肥。以畜禽固体粪污为主，需配套固液分离机对畜禽粪污进行初步加工，长时间高温好氧发酵后，畜禽粪污生成相对干燥的有机肥，畜禽养殖场可以进行有机肥还田利用。堆肥利用是目前应用最多、最广泛的一种畜禽固体粪污处理方法，包括条垛式、槽式、筒仓式、高（低）架发酵床、异位发酵床。其优势在于好氧发酵温度高，粪污无害化处理较彻底，发酵周期短，堆肥处理提高粪污的附加值。但是同样需要基础建设及固定场地进行发酵，对于水泡粪等污水产量大的畜禽养殖场则需要另外加入污水处理系统。

三是粪水肥料化。这种畜禽粪污处理方式通常和粪污全量还田方式搭配使用，对养殖场产生的粪水经氧化塘处理贮存后，在农田需肥和灌溉期间，将无害化处理的粪水与灌溉用水按照一定比例混合，进行水肥一体化施用。其优势在于对粪水进行氧化塘无害化处理后，可以为农田提供有机肥水资源，解决粪水处理压力。在前期发酵阶段、氧化塘发酵贮存阶段和水肥一体化施用阶段，需要配套相应面积的土地作为贮存及消纳地，且需建设安装还田输送管网或购置粪水运输车辆。

160. 畜禽粪污肥料化利用的优点与缺点有哪些？

自古以来，畜禽粪污就是农作物的肥料来源，经有效处理后还田利用既可为农作物提供养分，又可为耕地提供大量有机物质。

优点：①畜禽粪污有易获得、数量大、养分含量高的特点。畜禽粪污除含有丰富的有机物质外，还含有农作物所需的氮、磷、钾、钙、镁、铁等元素。②对畜禽粪污进行科学处理后将其作为肥料还田利用，能最大化利用其所含养分，具有营养全面、肥效长、易被农作物吸收等特点。③畜禽粪肥还田利用既能改善土壤特性、增产增收提质，还能减少耕地养分流失、提升耕地肥力。④畜禽粪污肥料化利用成本低，可替代部分工业化肥，降低工业化肥施用量。

缺点：①未充分发酵腐熟的粪肥，畜禽粪污含量高，遇水持续发酵产生高温，消耗土壤中的氧和氮，造成土壤缺氮缺氧，致使农作物生长迟缓，严重时会导致种子不发芽、烧苗、烧根。②畜禽粪污中含有一些病原微生物、寄生虫卵、杂草种子等，不经充分发酵腐熟，很容易给农作物带来不良影响，同时还易引起病虫害、滋生杂草。

③由于来源问题，部分粪肥可能微量元素含量超标，甚至是含有重金属、抗生素等，会毒害农作物，影响农产品安全。④养殖规模、饲料配方、品种、生长阶段、清粪方式和贮存方式等不同，畜禽粪污的营养组成和理化特性也会存在较大的差异性和变异性，其中营养成分的变异性是限制其有效肥料化利用的关键因素，施用不当容易造成土壤、地表水、大气等的污染。

161. 固体粪肥的利用方式有哪些？

（1）堆肥直接还田利用。畜禽粪污无害化处理过程中，通过生产堆肥、沼渣（腐熟）作为肥料直接还田利用。堆肥主要用作基肥，也可用作追肥。畜禽粪污经科学处理作为肥料还田利用，具有营养全面、肥效长、易被作物吸收、最大化利用其所含养分等特点。

（2）生产有机肥。将堆肥或沼渣经过理化性状调整、养分调理、后熟熟化、二次发酵、技术指标稳定和有机无机混合造粒等一系列过程形成商品有机肥（图4-2、图4-3）。

图4-2　商品有机肥1

（云阳县养鹿镇人民政府，林继国　摄）

图4-3　商品有机肥2

（云阳县养鹿镇人民政府，林继国　摄）

（3）垫料利用。基于奶牛粪污纤维素含量高、质地松软的特点，将奶牛粪污固液分离后，对固体粪污进行好氧发酵无害化处理后回用作为牛床垫料，将污水贮存后作为肥料进行农田利用。牛粪替代沙子和土作为垫料，降低了粪污后续处理难度，但作为垫料如无害化处理不彻底，可能存在一定的生物安全风险。

（4）基料化利用。主要以畜禽粪污、蘑菇菌渣及农作物秸秆等有机物质为原料，进行堆肥发酵，生产基质盘和基质土应用于栽培水果、蔬菜等经济作物。该方式能实现农业生产链零废弃物、零污染的生态循环生产，形成一个有机循环农业综合经济体系，提高资源综合利用率。但要求生产者的整体素质高，培训期、实习期较长。

162. 液体粪肥的利用方式有哪些？

液体粪肥是指以畜禽粪污为主要原料通过无害化处理，充分杀灭病原菌、虫卵和杂草种子后作为肥料还田利用的肥水、沼液，主要利用方式有以下几种：

（1）水肥一体化还田利用。此方式通常和粪污全量还田模式搭配使用。养殖场产生的液态粪污经氧化塘或多级沉淀发酵贮存后，在农田需肥和灌溉期间，将经无害化处理的粪水（肥水）与灌溉用水按照一定的比例混合，进行水肥一体化施用。该利用方式中对粪水进行氧化塘无害化处理后，为农田提供有机肥水资源，解决粪水处理压力，但要有一定容积的贮存设施，周边配套一定面积的农田，需配套建设粪水输送管网或购置粪水运输车辆（图4-4、图4-5）。

图4-4　沼气池

（云阳县畜牧发展中心，温清华　摄）

图4-5　氧化塘

（云阳县畜牧发展中心，温清华　摄）

（2）沼液用于灌溉。典型工艺技术：沼液→沉淀→消毒→贮存→配水→蔬菜、果木、花卉和大田灌溉。将沼液用于根系追肥的主要方式就是灌溉，将充分厌氧消化、消毒处理的沼液与灌溉用水按照一定的比例混合，以滴灌的方式施于农田。

（3）沼液用作水溶肥料，典型工艺技术：沼液→沉淀／过滤→消毒→调质→水溶肥料。针对不同施用对象，按照不同用途产品配方掺入适量的无机成分、增效剂或者催化剂，并调整增效剂原液的 pH ，搅拌，混合均匀后施用。

（4）制作沼液浓缩肥。典型工艺技术：沼液→过滤→纳滤→反渗透→沼液浓缩肥。沼液浓缩肥稀释后可用于叶面施肥、生产有机无机营养液及浸种等。

163. 畜禽粪肥的转运有哪些注意事项？

一是驾驶多功能车要有农机部门发放的驾驶执照。二是要谨慎驾驶。装有浆料的罐体有潜在的不稳定性，并受到各种不可预测的力量的影响。驾驶司机需要考虑以下因素：运输车辆动力和大小，轮胎和刹车的类型，驾驶速度，灌装浆料的多少，地面是否均匀，地面的湿度，控制问题等。三是严禁在操作或驾驶过程中运输人员或动物。四是严禁在沼气池周围2～3m处抽烟或使用明火，其余参考畜禽粪污运输要求。

（1）管道运输要求。管道最大设计充满度及管道在设计充满度下的设计流速设计应符合相关要求；不同直径的管道在检查井内的连接，宜采用水面或管顶平接；管道转弯和交接处，其水流转角应不小于90°；管道基础应根据地质条件确定，对地基松软或不均匀沉降地段，管道基础或地基应采取加固措施，管道接口应采用柔性接口；管道最小覆土深度应根据外部荷载、管材强度等条件确定，在车行道下宜不小于0.7m；应定期检查、维修管道，不应出现跑、冒、滴、漏现象。

（2）车辆运输要求。运输车在满载、静态状态下，向左侧和右侧倾斜最大侧倾稳定角应≥23°；运输车衬里材料应与运输液体相容、不受运输液体的腐蚀，材料应均匀、无气孔、无穿透性针孔、不小于罐体金属材料的弹性，且具有与罐体金属壳体相适应的热膨胀特性；运输车应设置侧面防护装置和后防护装置。防护要求按《道路运输液体危险货物罐式车辆　第1部分》（GB 18564.1）相关规定执行；运输车应有明显标志，其外部照明和信号装置的数量、位置与光色应符合相关规定；运输车体允许最大充装量按《道路运输液体危险货物罐式车辆　第1部分》（GB 18564.1）的规定执行；应采用封闭运送车，运输过程中不应洒、漏（图4-6）。

图4-6　云阳县黄建蛋鸡场粪肥运输车（云阳县畜牧发展中心，朱继禄　摄）

164. 施用畜禽粪肥应注意哪些事项？

（1）堆肥施用注意事项。一是堆肥的沤制生产要严格执行《畜禽粪便堆肥技术规范》（NY/T 3442—2019）。二是若施入未充分腐熟的堆肥，堆肥在土壤中进行二次发酵，易造成烧种、烧苗现象。同时，粪污中含有多种病原菌、虫卵、杂草种子，由于未完全腐熟，可能会造成作物病虫草害加重。三是不要与碱性肥料或杀菌剂同时施用。四是还田限量。堆肥施用量应当以生产需要为基础，以地定产量、以产量定用肥量。根据土壤肥力确定作物预期产量，推算作物单位产量养分吸收量。结合畜禽粪肥中营养元素的含量、作物当年或当季的利用率，计算基肥或追肥的畜禽粪肥施用量。

（2）沼肥施用注意事项。一是沼肥要充分腐熟后才能施用。沼肥中除了含有作物需要的养分外，还含有圈舍处理的消毒剂等，要通过腐熟和降解才能施用到农田中。二是出池后不能立即施用。沼肥还原性强，出池后的沼肥立即施用会与作物争夺土壤中的氧气，影响种子发芽和根系发育，导致作物叶片发黄、凋萎，尤其是小苗庄稼。因此，沼肥出池后，一般先在储粪池中存放5～7d后施用；沼渣与磷肥按10：1的比例混合堆沤5～7d后施用，效果更佳。三是不兑水沼肥不能直接追施在作物上，尤其是用来追施幼苗，会使作物出现灼伤现象。沼肥作追肥时，要先兑水，一般兑水量为沼液量的1～3倍。四是不提倡表土撒施沼肥。施于旱地作物，宜采用穴施、沟施，然后盖土。施用于水田应在秒坏前均匀撒施于田面，然后翻入底层。五是不能过量施用沼肥。施用沼肥量一般要比施用普通猪粪肥少。若盲目大量施用，会导致作物徒长、行间荫蔽，造成减产。六是不能与草木灰、石灰等碱性肥料混施。草木灰、石灰等碱性较强，与沼肥混合，会造成氮肥的损失，降低肥效。

（3）商品有机肥施用注意事项。一是商品有机肥的生产符合《有机肥料》（NY/T 525—2021）要求。二是施用的商品有机肥要充分腐熟发酵。若施入未充分腐熟的商品有机肥，在土壤中进行二次发酵会造成烧种、烧苗现象。三是商品有机肥的长效性不能代替化学肥料的速效性，必须根据不同作物和土壤，再配合尿素、配方肥等施用，才能取得最佳效果。四是施用商品有机肥时，要与植株根系保持一定距离，避免与碱性肥料或杀菌剂同时施用。五是要注意商品有机肥的酸碱度（pH），在不同土壤环境中应注意其适应性和施用量。

165. 消纳畜禽粪肥推荐种植哪些作物种类？

"猪粪肥，羊粪壮，牛马粪肥跟着逛""牛粪凉，马粪热，羊粪啥地都不劣"，不同畜禽粪肥具有一定的差异，所以采取种养结合模式实现畜禽粪肥消纳时，根据不同畜禽粪肥的特性配套种植相应农作物。

猪粪肥：相对于其他畜粪，猪粪有"年年强"的说法，因为猪粪的养分含量比较高，质地细密、肥效温和持久，而且氨化细菌（含氮量较高）含量较多，所以施用到土壤中后能够更快地被微生物分解和被农作物吸收利用，也可以更快更多地在土壤中形成腐殖质，所以猪粪适合用于各类农作物，既适合作基肥施用，也适合作追肥施用，既适用于水田，也适用于旱田。

牛粪肥：牛粪的含水量比较高、质地十分细密且分解腐熟速度慢、发热量较小。

牛粪肥是比较典型的凉性和迟效性粪肥，而且施用到土壤中后见效慢。一般不要施用在阴坡地和潮湿地上，建议多与温热性肥料、速效性的氮肥掺混后施用在向阳地或沙质壤土上。对于茬口多、周年轮作的，尽量安排在生育期长的作物上作基肥施用。

羊粪肥：从养分含量结构来看，相比于其他畜粪，羊粪中所含的有机质以及氮、磷、钾都比较多，而且羊粪中所含的钙和镁也相对较多。此外，羊粪属于温性肥料，且粪肥质地浓厚细腻、肥性温和持久。因此羊粪广泛适用于各类土壤和作物，既可以作基肥施用，也可以作追肥或种肥施用。

禽粪肥："禽粪肥效高，不发烧死苗"。禽粪是十分典型的热性肥料，为了避免作物使用后出现烧苗、烧根等问题，在施用禽粪前一定要彻底发酵腐熟好。

一般来说，包括鸡粪在内的禽粪，因为养分含量高、肥力强，所以比较适合用在需肥量比较大的经济作物或蔬菜作物上，而且经过充分发酵腐熟的禽肥既适合作基肥施用，也比较适合作追肥或种肥施用，但最适合作追肥施用（图4-7）。

图4-7　桑叶种植（云阳县畜牧发展中心，朱继禄　摄）

166. 畜禽粪肥还田的最佳时间是什么时候？

粪肥中氮的流失与季节有关，尽量避免在秋季及初冬时粪肥还田，推迟到冬末或初春有利于减少养分流失而促进作物对养分的吸收。在作物生长旺盛的季节，由于根系的吸收能力比较强，所施的粪肥中的速效养分可以被作物迅速吸收而有利于减少损失；而且，由于此时地面的植被覆盖度较高，也有利于降低掠过上面（旱作）或水面（水稻）的风速，从而减少氨气的挥发。因此，应控制作物生长早期的粪肥施用量，而着重在作物旺盛生长时期追施，从而降低养分流失带来的环境风险。因此应根据不同地力、季节、作物生长状况来确定适当的施用时期和施肥量。

沼液施用时间：小麦在进入三叶期到拔节期之前，水稻在插秧活棵至破口期，玉米在3叶期到抽雄前，蔬菜要看是叶菜类还是茄果类，叶菜类从三叶期后到采收前都可以施用沼液，茄果类定植活棵后至开花前都可以施用沼液，开花后不建议施用沼液；果树从10月中下旬到翌年开花前都可以施用沼液。若作旱茬小麦基肥施用，可在耕地前将沼肥泼浇于地表，3 ~ 4d后再撒施化肥（根据沼肥用量可减施化肥40% ~ 50%）耕翻整地播种。

堆肥施用时期：一般作为基肥施用，也可作追肥，对于茬口多、周年轮作的，尽量安排在生育期长的作物上作基肥施用；宜在播种（移栽）前作基肥施用，施用时避开雨季，施入后应在24h内翻耕入土。

商品有机肥施用时期：与粪肥施用大致相同，以基肥为主。

167. 沼液如何实现还田消纳利用？

（1）沼液还田消纳利用前，必须经过充分厌氧消化、消毒处理，以符合相关卫生学指标规定。非灌溉季节处理后沼液的贮存，应设置专门的贮存设施。贮存设施应符合相关规定。沼液施用于蔬菜、果木、花卉和大田，应根据作物需肥量和需水量等因素进行调配；作为灌溉水施用，水质应符合相关规定。沼液用作叶面肥施用时，应根据作物营养需求进行合理调配。在使用喷灌、滴灌等设施进行施用时，沼液悬浮性颗粒物最大粒径应满足设施的参数要求。

（2）叶面施肥时，气温高以及作物处于幼苗、嫩叶期时沼液用清水稀释10 ~ 20倍施用；气温低及作物处于生长中、后期时施用时沼液用清水稀释5 ~ 10倍。春、秋季，宜在上午露水干后（约10：00）进行，夏季以傍晚为好，中午高温及雨天不要喷施。

（3）用沼液防治蔬菜生产中的蚜虫、红蜘蛛和白粉虱等害虫时，在虫害初期，可用稀释10倍的沼液，连续喷洒2 ~ 3次。

（4）沼液用作水溶肥料，针对不同施用对象，按照不同用途产品配方掺入适量的无机成分、增效剂或者催化剂，并调整增效剂原液的pH，搅拌，混合均匀后施用。

图4-8所示为沼液还田管网。

图4-8　沼液还田管网（云阳县畜牧发展中心，朱继禄　摄）

168. 建设还田灌溉管网应注意哪些事项？

合理建设还田灌溉管网有利于实现循环经济和节能减排，有利于保护生态环境和水资源安全，有利于保护土壤和农产品质量安全，有利于种养殖特色产业的可持续发展。应根据因地制宜、保证质量、注重环保，工程措施与生物措施、农艺措施、管理措施相结合的要求，解决农作物需肥季节性、集中性与规模畜禽养殖场液体粪肥产出的连续性、稳定性的矛盾；解决规模畜禽养殖场液体粪肥从场区到田间地头的运输链条断裂问题；解决农作物有机肥投入不足与液体粪肥利用不足的矛盾。重点注意以下事项。

（1）完善养殖场基础设施，养殖场预先完成雨污分离设施、干湿分离设施、无害化处理设施、干粪棚、贮液池、配水池等粪污处理基础设施建设、检修。

（2）灌溉首部设计合理。主要包括动力系统、沼液泵、管道安全装置、电器保护装置。泵站设计充分考虑灌区的覆盖面积、扬程。沼液泵必须满足抽提含有纤维或其他悬浮物的高黏稠度液体的要求，泵、管网及管件具抗腐蚀性。

根据抽提扬程、出液量，设计安装管道安全装置、电器保护装置，实现管道自动调压抗爆、排堵防蚀和过载保护，满足普通UPVC（硬聚氯乙烯）等廉价管材在液体提灌中不堵塞、不爆管，接口不拉裂、不滴漏的需要，降低建造和运行成本。

（3）管网要防爆抗堵。灌溉管网必须具有自动防爆抗堵等安全功能，有效防止管道内二次产气爆管、粪渣、厌氧菌落生长和化学沉淀物、鸟粪石等堵管的处置设计和工艺装置，具有迅速发现和确定管道堵塞位置的优点。安装的防爆裂、防堵塞安全装置能够保证UPVC、PVC（聚氯乙烯）、PE（聚乙烯）等塑料管材在沼液管道灌溉中不出现堵塞、爆裂、接口拉裂、漏水等质量安全问题，保证还田灌溉管网的长期使用和安全运行。

各种管线应全面安排，用不同颜色加以区别，避免迂回曲折和相互干扰，液体输送管道与管件必须具防腐性，管线布置尽量减少管道弯头，减少能量损耗和便于疏通。

主要管网宜埋设，距管顶深度≥40cm，管道直径应≥50mm，裸露部分选用抗老化材料或进行防老化处理。长距离直线管道要设计防热胀冷缩的构造。

灌溉管网应布设排水、泄空装置。

手浇灌溉系统要便捷实用。一般情况下，田间每40m左右配置一个直径为25～32mm的出水桩（也可采用快速插口），设计安装手浇灌施肥管网（图4-9～图4-11）。

图4-9　还田管网（周传国　摄）

图4-10 铺设还田管网（周传国 摄）

图4-11 检查田间管网（周传国 摄）

169. 沼液针对不同农作物如何抗病防虫？

沼液是人、畜禽粪污及农作物秸秆、杂草等各种有机物质厌氧发酵后的液体残余物。沼液作为厌氧发酵残留物的液态部分不仅含有丰富的氮、磷、钾、铜、锌、锰等大量营养元素和微量营养元素，而且含有17种氨基酸活性酶，其中，乙酸、丁酸、丙酸、乳酸菌、芽孢杆菌、维生素B，植物激素中的赤霉素、吲哚乙酸，以及较高含量的铵盐和抗生素等成分是沼液抗病防虫的主要原因，厌氧发酵液能预防23种植物病害和15种虫害[1]。另外，沼液中产生的乙烯、脱落酸等物质会激发作物抗逆性反应，再加上沼液本身的营养作用，使得作物植株强壮，从而极大提高作物对病虫害的抵御能力和水平。因其无污染、无残毒、无抗药性而被称为"生物农药"。

防虫抗病原理：沼液具有防虫抗病的功效主要是因为沼液中含有对害虫有毒杀作用的NH_4^+-N、低级脂肪酸等物质，能够与害虫的酶系、受体及其他物质发生化学反应，再引起生理上的改变，从而造成害虫的死亡[2]。

技术要点：正常发酵产气3个月以上，pH为6.8～7.6，用纱布过滤，曝气2h后备用。按1：3稀释后，对叶面进行喷施，以10：00或15：00为宜，7～10d喷施1次，连续喷施3次，每次喷施量525kg/hm²；沟施和灌根，粮油作物类可顺沟追施沼液4 500～5 250kg/hm²，茄果类、瓜类蔬菜可按500g/株沼液稀释液进行灌根，间隔7～10d，连续施用3次。

（1）沼液防治小麦赤霉病。在盛花期喷1次，隔3～5d再喷1次，防治率可达81%，用沼液防治小麦赤霉病具有无需额外投资、便于推广、不会造成环境污染的优点。

（2）沼液防治小麦全蚀病。沼液浸种8h，沼液叶面喷施，第一次在返青期，用水

---

[1] 张无敌, 刘士清, 赖建华, 等, 1996.厌氧消化残留物在防治农作物病虫害中的作用[J].中国沼气（1）：6-9.

[2] 荆艳艳, 张全国, 2007.厌氧发酵液防虫抗病机理及技术研究现状[J].农业工程技术（新能源产业）（6）：32-36.

1：1稀释，用量为250kg/亩。第二次在抽穗期，用水1：4稀释，用量为250kg/亩。沼液灌根，在麦苗起身期进行，用水1：1稀释，用量为250kg/亩，采用上述方法防治全蚀病效果显著，增产幅度在8.5%左右。

（3）沼液防治西瓜枯萎病。首先用沼液浸西瓜种子8h，催芽，中棚育苗移栽，每亩施沼渣2 000 ~ 2 500kg作基肥，在西瓜生育期叶面喷施沼液3 ~ 4次，若6h以内遇雨，则应补施。如果发现瓜田有个别病株，应及时用沼液原液灌根。

（4）沼液防治黄瓜白粉病。用沼液原液喷施黄瓜效果最好，喷施沼液的黄瓜生长健壮，叶绿素含量高，叶色浓绿，叶片厚实，叶脉粗壮，过氧化物酶活性有所降低，这些特征大大增强了植株的抗病性。

（5）沼液防治韭蛆。韭蛆一年发生4 ~ 5代，取食韭菜叶鞘基部和嫩茎，使根基腐烂、地上部叶片枯黄而死，严重时造成韭菜成片死亡，为了使广大菜农能生产出无公害韭菜，可春季扒开韭菜根部土壤，在韭蛆白色幼虫出现的地方，用沼液顺韭菜行垄灌和沟灌并使沼液下渗土壤深度为10 ~ 15cm，韭蛆白色幼虫会明显减少。

（6）防治玉米螟。玉米螟以幼虫危害玉米嫩叶，使被害叶呈半透明薄膜状或成排的小圆孔，同时玉米幼虫还咬食雄穗、雌穗、茎秆，导致早枯和产生瘪粒，进而导致减产。为了减少农药残留、生产更多的无公害玉米，在玉米螟虫孵化盛期，用沼液50kg，加2.5%溴氰菊酯乳油10mL配成药液进行喷施，选择晴天的上午喷施，每次喷施量525kg/hm²，每天喷施一次，连续喷施两次，玉米螟防治效果良好。

（7）防治果树红蜘蛛。施用前用纱布过滤沼液，放置2h后用喷雾器喷施。选择气温低于25℃的天气，在露水干后全天喷施，重点喷在叶片的背面。每次喷施量525kg/hm²，每天喷施一次，连续喷施两次，对于上年结果多、树势弱的果树，在沼液中加入0.1%的尿素。对幼龄树和结果少、长势弱的树，在沼液中加入0.2% ~ 0.5%的磷钾肥，以利于花芽的形成。

（8）防治农作物蚜虫。在蚜虫发生期，选用沼液14kg、洗衣粉溶液（洗衣粉：清水=0.1：1）0.5kg，配制成沼液治虫剂。选择晴天的上午喷施，每次喷施量525kg/hm²，每天喷施一次，连续喷施两次。

170. 如何测算与养殖规模匹配的消纳土地面积？

各饲养阶段畜禽产生粪污养分之和：

$$Q_{o, p} = \sum AP_{o, i} \times MP_{o, i} \times 365 \times 10^{-3}$$

式中：$Q_{o, p}$为养殖场畜禽粪污养分产生总量，单位为t/年；$AP_{o, i}$为养殖场饲养畜禽第i阶段的平均存栏量，单位为头（只）；$MP_{o, i}$为 第i阶段畜禽粪污养分日产生量，单位为kg/（d·头）。

（1）收集养殖场相关基础资料。

①畜禽养殖信息。包括畜禽养殖种类、各生长阶段的存栏量，养殖场各阶段畜禽的清粪方式及其占比、各种粪污处理方式及其占比，养殖场的固体粪污和液体粪污处

理后的去向及其占比。

②养殖场配套土地信息。包括养殖场周边拟配套农田种植主要农作物种类、农田本底肥力水平、配套农田的作物种植制度、养殖场拟配套的土地土壤质地和养分含量等特征参数。

（2）按步骤测算匹配的消纳土地面积。

①计算养殖场用于农田的粪污养分供给量。

粪肥养分实际供给量=所有畜禽养分产生量 × 粪肥养分收集率 × 粪肥养分处理留存率 × 粪肥就地农田利用比例

根据规模养殖场周边土地养分需求量、施肥比例、粪肥占施肥比例和粪肥当季利用率，单位耕地面积粪肥养分供应量计算公式为$A=MN_1/MN_2$，A为规模养殖场需要配套的耕地面积（hm^2），MN_1为规模养殖场粪尿排泄量总氮供给量（t），MN_2为单位耕地面积总氮平均需要量（t/hm^2）。

②结合当地生产情况，测算配套农田单位面积作物需要的畜禽粪污养分量。

单位土地粪肥养分需求量=单位土地养分需求量 × 施肥供给养分占比 × 粪肥占用施肥比例/粪肥当季利用率

由于规模养殖场配套的土壤肥力、粪污施肥占比和粪肥当季利用率不同，规模养殖场所处地域单位土地粪肥养分需求量也不同，计算公式为$MN=（A×B×C）/Q$，MN为单位耕地面积粪肥养分需求量，A为单位耕地面积总氮养分需求量，B为施肥供给养分占比，C为粪肥占施肥比例，Q为粪肥当季利用率[1]。

③计算配套的农田面积。

配套农田面积=粪肥养分实际供给量/单位面积作物粪肥养分需求量

171. 如何建立水肥灌溉制度，形成畜禽养殖废水—厌氧发酵—精准灌溉种植的种养循环模式？

水肥灌溉是指水肥一体化灌溉模式，利用管道灌溉系统，将肥料溶解在水中，同时进行灌溉与施肥，适时、适量地满足作物对水分和养分的需求，实现水肥同步管理和高效利用的节水农业技术。通俗的理解就是将水的灌溉和施肥合二为一，同时满足作物对水和养分的需求。

水肥一体化技术具有节水、节肥、省工、省时、提质和高效等优点，是实现化肥减量增效、保障农业绿色发展和助力乡村振兴的重要措施[2]。

目前，畜禽养殖废水—厌氧发酵—精准灌溉的水肥一体种养循环模式是实现水肥

---

①杨新建，孙玉娟，2019.规模奶牛场养殖用地承载力测算及提升耕地消纳能力途径的研究分析[J].新疆畜牧业，34（2）：35-37.

②史国慧，2019.水肥一体化技术提高水肥利用率研究进展[J].农业工程技术，39（5）：51，53.

一体化的优质方式。建立合理的水肥灌溉制度是实现水肥一体种养循环模式的必要前提，所谓水肥灌溉制度就是根据掌握的信息制定计划，形成可实施的方案。

（1）掌握信息。为了实现循环精准灌溉，需要掌握基础信息，包括气象资料（包括年降水量、月降水量分布、气温变化和有效积温）。然后，收集和研究主要经济作物的种植技术数据（包括播种期、需水特征、关键需水期、根系生长发育特征、种植密度、年产量水平等），收集土壤数据（包括土壤质地、田间含水量等）、粪污情况（粪污来源与田地距离、粪污处理发酵时间、粪污产生量等）。

（2）确定灌溉计划。通过对上述工作参数的计算分析，确定目标，在当地气候、土壤等自然环境条件下，确定作物的灌溉次数、灌溉日期、灌溉定额，从而实现作物灌溉系统的管理，采用制度化方法研究确定，由于灌溉系统以正常年份的降水量为基础，灌溉时间和灌溉定额需要根据当年的降水量和作物生长情况进行调整[①]。

172. 畜禽粪污肥料化利用需要哪些设施设备和运行条件？

总体运行条件要求：畜禽养殖场应根据养殖污染防治要求和当地环境承载能力，配备与设计生产能力、粪污处理利用方式相匹配的畜禽粪污处理设施设备，满足防雨、防渗、防溢流和安全防护要求，并确保正常运行。交由第三方处理机构处理畜禽粪污的，应按照转运时间间隔建设粪污暂存设施。畜禽养殖户应当采取措施，对畜禽粪污进行科学处理，防止污染环境。

畜禽粪污肥料化利用需要的设施设备，要根据养殖模式的不同来按需设置，一般情况下需要以下必要设施：

（1）雨污分流设施。畜禽养殖场（户）应建设雨污分流设施，液体粪污应采用暗沟或管道输送，采取密闭措施，做好安全防护，输送管路要合理设置检查口，检查口应加盖且一般高于地面5cm以上，防止雨水倒灌。

（2）畜禽粪污暂存设施。畜禽养殖场（户）建设畜禽粪污暂存池（场）的，液体粪污暂存池容积不小于单位畜禽液体粪污日产生量，固体粪污暂存场容积不小于单位畜禽固体粪污日产生量，暂存周期按转运处理最大时间间隔确定。鼓励采取加盖等措施，减少恶臭气体排放和雨水进入。

（3）液体粪污贮存发酵设施。畜禽养殖场（户）通过敞口贮存设施（包括氧化塘、化粪池等）处理液体粪污的，应配套必要的输送、搅拌等设施设备，容积不小于单位畜禽液体粪污日产生量。畜禽养殖场（户）通过密闭贮存设施处理液体粪污的，应采用加盖、覆膜等方式，减少恶臭气体排放和雨水进入，同时配套必要的输送、搅拌、气体收集处理或燃烧火炬等设施设备。密闭贮存设施容积不小于单位畜禽液体粪污日产生量。

（4）液体粪污深度处理设施。固液分离后的液体粪污进行深度处理的，根据不同

①陈道云，黄文汉，石媛，等，2018. 水肥一体化技术实践与应用[J]. 吉林农业（17）：68-69.

工艺可配套集水池、曝气池、沉淀池、高效固液分离机、厌氧反应池、好氧反应池、高效脱氮除磷设备、膜生物反应器、膜分离浓缩设备、机械排泥设备、臭气处理设备等设施设备，做好防渗、防溢流工作。处理后排入环境水体的，出水水质不得超过国家或地方的水污染物排放标准和重点水污染物排放总量控制指标；排入农田灌溉渠道的，还应保证其下游最近的灌溉取水点水质符合《农田灌溉水质标准》（GB 5084—2021）要求。

（5）固体粪污发酵设施。畜禽养殖场（户）可采用堆肥、沤肥、生产垫料等方式处理固体粪污。堆肥宜采用条垛式、强制通风静态垛、槽式、发酵仓、反应器或覆膜堆肥等好氧工艺，根据不同工艺配套必要的混合、输送、搅拌、供氧和除臭等设施设备。沤肥宜采用平地或半坑式糊泥静置等兼氧工艺。生产垫料宜采用密闭式滚筒好氧发酵工艺，配套必要的固液分离、进料、混合、发酵、除臭或智能控制等设施设备，分离出的液体粪污应参照液体粪污贮存发酵设施的要求进行处理。

（6）沼气发酵设施。粪污进入沼气池可以分为全部进入和只使用分离固液之后的液体进行发酵，粪污全部进入之后可以采用传统的消化技术（水压式沼气池或者覆膜氧化塘）和先进的高效厌氧消化技术[①]。畜禽粪污采用沼气工程进行厌氧处理的，应配套调节池、固液分离机、贮气设施、沼渣沼液贮存池等设施设备，并采取必要的除臭措施。根据不同工艺可配套完全混合式厌氧反应器、升流式厌氧固体反应器、干法厌氧发酵反应器、升流式厌氧污泥床反应器、升流式厌氧复合床、内循环厌氧反应器、厌氧颗粒污泥膨胀床反应器或竖向推流式厌氧反应器等设施设备。畜禽粪污采用户用沼气池进行厌氧处理的，应符合户用沼气池设计规范要求，建设必要的配套设施。利用沼气发电或提纯生物天然气的，根据需要配套沼气发电和沼气提纯等设施设备（图4-12）。

图4-12　沼气池

①冯秋莲，2023.畜禽粪便资源化利用方式、存在问题和解决方法[J].今日畜牧兽医，39（3）：68-69，72.

173. 如何解决畜禽粪污肥料化利用过程中综合利用水平较低的问题？

畜禽粪污肥料化利用过程中综合利用水平受多方面因素的影响，主要有以下几个方面：

（1）个人收益与社会收益不协调。粪污无害化处理最重要的价值在生态环境的改善方面，可以减少碳、氮等的排放，减少对土壤、地下水等造成的污染，促进对资源的利用等，这些都属于生态价值。然而，广大养殖场更关注的是其经济价值，对畜禽养殖过程中排泄的粪污进行无害化处理则意味着需要投入较多的配套设施设备、投入更多的人力资源，短期来看产生的经济价值较小，因此导致养殖场减少了粪污处理方面的投资。解决方式：从长期经济效益视角出发，加强普及粪污无害化处理的生态价值及可持续化养殖理念，帮助养殖场制定合理的处理方案，实现个人与社会收益的协调。

（2）粪污处理设备不配套。畜禽粪污资源的肥料化利用、能源化利用以及饲料化利用均需要一定的设施设备。规模化、经济基础较好的养殖场可能有粪污处理的配套设备，但昂贵的维护成本等也使其不能正常运行；养殖规模较小、设施较差的养殖场大多为粗放型管理，没有配套设备，标准化程度低，粪污资源未得到合理利用。解决方式：结合实际情况分别制定推广适合大、中、小规模养殖场的粪污资源化处理方案。改变利用方式（粪污还田、堆肥等），用最少的投入实现粪污资源利用最大化[1]。

（3）产业化体系不健全。我国虽为养殖业大国，但养殖业发展较为缓慢、技术较为落后，导致现有的粪污资源化利用体系处于起步阶段。一方面是社会化服务滞后于产业发展需求，进行粪污资源化利用需要专业的生物能源企业参与粪污处理的所有工作，需要较高的成本，专业人员需求以及较高的经济投入制约了粪污的资源化利用。另一方面是缺乏系统化的组织载体，没有相关组织全程参与到粪污收集到粪污处理再到粪污利用的过程中，导致粪污利用的产业链、物质链和能量链断层。解决方式：结合当地情况，联系行业专家，定期开展培训，对实际问题进行指导，培养"土专家""村教授"等人才，传授粪污资源化利用经验技巧，利用网络媒介搭建一对一帮问平台，逐步形成粪污资源化利用技术指导询问帮助体系[2]。

---

①冯秋莲，2023. 畜禽粪便资源化利用方式、存在问题和解决方法[J]. 今日畜牧兽医，39（3）：68-69，72.
②刘春，刘晨阳，王济民，等，2021. 我国畜禽粪便资源化利用现状与对策建议[J]. 中国农业资源与区划，42（2）：35-43.

174. 什么是"肥害"？

肥害是指施肥不当引起作物生长受阻的现象。过量施肥、施用未充分腐熟的有机肥、过于集中施肥或长期大量施用某种肥料等，都会导致土壤发生盐渍化或酸化，使作物营养失衡、有毒有害物质超过其耐受能力，导致作物枝叶徒长、倒伏、病虫害加重或烧苗、萎蔫等。轻者造成减产，重者导致植株死亡。

175. 如何解决有机肥肥害问题？

施用有机肥是培肥地力、改良土壤的重要方式，有机肥在提高土壤供肥能力和作物产量、改良作物根际生态环境、改善作物的营养品质等方面具有重要作用，但施用有机肥也会带来一定的土壤环境风险，解决方法有以下几点：

（1）适量施用有机肥。过量施用有机肥会直接导致硝态氮和磷在土壤中的积累，并且随着施肥年限的增加而积累加剧，增加向水体的淋失。单次过量施用有机肥，可发生反渗透现象，常绿果树（如柑橘）在下冬肥时遇此情况会大量落叶，甚至死亡。适量施用有机肥是防止肥害发生的重要因素。

（2）使用合格有机肥。部分畜禽饲料微量元素或重金属超标，不少有机肥是以畜禽粪污为原料的，这就可能造成铜、锌、铬、铅、镉在土壤中过量累积，从而影响土壤环境及作物生长。未腐熟有机肥也会导致烧苗、烧根、种子不发芽、地下虫害增多、土传病害加重等肥害问题。为避免这些情况，需选用有机质含量高、经过发酵的含有益生物的优质有机肥。如果施用动物粪污等土杂肥，一定要充分发酵后施用。土杂肥发酵时最好掺入有益微生物，如 EM 液等，不要施用含有激素的化肥和未发酵的动物粪肥（图4-13）。

图4-13　腐熟有机肥

第二节　畜禽粪污的饲料化利用

176. 什么是畜禽粪污饲料化利用？

畜禽粪污是重要的环境污染源，除了可以处理后作为农用有机肥，还有另一种利用方式——饲料化利用。

目前，用畜禽粪污（尤其是鸡粪）作饲料的一些简单处理方法已在发达国家和发展中国家得到广泛的应用。我国若能将鸡粪用于饲料，再加上其他畜禽粪污的合理利用，将对增加饲料（尤其是蛋白质饲料）来源、降低粮食消耗、减少环境污染、提高经济效益有极大的意义。

经过加工的动物粪污外形、气味和味道均很好，基本没有原来的特征。动物粪污（如鸡粪、兔粪）中的粗蛋白质含量比动物采食的饲料中的粗蛋白质高50%，还富含许多其他养分，如多种必需氨基酸、粗纤维、钙磷及其他矿物质和微量元素。大量研究证明，从蛋白质质量的角度来看，一些动物粪污，尤其是畜禽粪污可以代替非常有价值的蛋白质饲料，如大豆粉、花生粉、棉籽饼等。通过适量搭配能量饲料，如谷实类、糠麸类、糟渣类、多汁饲料等，完全可以配制出各类营养丰富的畜禽饲料[①]。

177. 畜禽粪污中主要存在哪些营养物质？

畜禽粪污的主要成分是纤维素、半纤维素、木质素、蛋白质及其分解组分、脂肪、有机酸、酶和各种无机盐。猪粪含有机质15%、氮0.5%、磷0.5%～0.6%、钾0.35%～0.45%。牛粪含有机质14.5%、氮0.30%～0.45%、磷0.15%～0.25%、钾0.10%～0.15%。马粪含有机质21%、氮0.4%～0.5%、磷0.2%～0.3%、钾0.35%～0.45%。羊粪含有机质24%～27%、氮0.7%～0.8%、磷0.45%～0.6%、钾0.4%～0.5%。羊粪比其他畜禽粪含有更多的有机质，质地更细、养分更丰富。禽粪含有机质25.5%、氮1.63%、磷1.54%、钾0.85%、糖类11%、纤维素7%，新鲜禽粪含水量较高。

---

①徐启明，2014.畜禽粪便的饲料化利用概述[J].安徽农学通，20（15）：136，143.

178. 畜禽粪污营养价值跟哪些因素有关？

现代畜牧业集约化、机械化和产业化发展的程度越来越高，大型畜禽养殖场都采用机械化作业，生产高度集中，畜禽饲喂全价饲料，饲料中的许多营养物质未被消化吸收就被排到体外，使得粪污中含有大量未消化的蛋白质、B族维生素、矿物质、粗脂肪和一定量的糖类物质。粪污的营养价值因畜禽种类、日粮成分和饲养管理条件等因素的不同而不同，如新鲜猪粪中蛋白质的含量为3.5%～4.1%、牛粪为1.7%～2.3%、鸡粪为11.2%～15.0%、羊粪为4.1%～4.7%，其中鸡粪的营养价值最高，猪粪次之。

由于鸡的消化道较短，采食的饲料在肠道停留时间较短，只能吸收约30%的养分，其余的通过直肠排出体外。鸡粪中各种氨基酸含量比较平衡，干鸡粪中含有赖氨酸5.4g/kg、胱氨酸1.8g/kg和苏氨酸5.3g/kg，均超过玉米、高粱、豆饼和棉籽等的氨基酸含量。所以鸡粪是养殖畜禽和鱼类的好饲料之一[①]。

179. 畜禽粪污饲料化利用的方法有哪些？

目前，畜禽粪污饲料化利用的方法主要包括直接喂养法、青贮法、生物法、干燥法等。因为鸡的肠道短，饲料中大约70%的营养物质没有经消化吸收就被排出体外，直接喂养法主要适用于鸡粪。养殖场可以用处理后的鸡粪代替部分精料来养牛、喂猪。青贮法是把秸秆、饲草或其他粗饲料和畜禽粪污一起青贮，这样可以增加饲料利用率和适口性，减少粗蛋白质的流失，并能杀死其中的微生物，让营养更均衡。生物法是用蚯蚓、蝇、蛆处理畜禽粪污，这样既消耗了粪污又得到了动物蛋白质，相比于鱼粉、骨粉等更经济实惠。干燥法是利用人工干燥达到消毒、灭菌、消除臭味的目的，通过干燥，有害微生物、虫卵被杀灭，使加工的畜禽符合卫生标准，同时可以达到饲料商品的生产要求。

畜禽粪污经处理加工后被作为饲料资源化利用，除了能够减轻对环境的污染，还可以降低成本，经济效益显著。

180. 畜禽粪污的饲料化利用有哪些优势与意义？

节约饲料资源。畜禽粪污中含有一定量的营养物质，经过处理后可以将这些营养物质转化为饲料，降低饲料购买成本，有助于养殖业的可持续发展。

---

①张淑芬，2016. 畜禽粪便饲料化生产利用技术[J]. 饲料研究（17）：48-50.

有助于保护环境。畜禽粪污通常含有大量的氮、磷等物质，如果随意丢弃或者堆放，会对环境造成严重污染。而畜禽粪污饲料化，可以将有机肥料转化为饲料，减少了污染物排放，有利于保护环境。

可以提高动物的健康水平。处理后的畜禽粪污，营养成分更加均衡，易被畜禽吸收利用。这能够提高畜禽的健康水平，促进其生长发育。

181. 畜禽粪污的饲料化利用有哪些安全隐患？

畜禽粪污是有害物质的潜在来源，有害物质包括病原微生物、重金属、药物残留等。

畜禽粪污在堆制过程中会产生具有臭味的混合气体，主要是甲烷、氨气、硫化氢、酚类等有毒有害成分。带有恶臭味的气体会降低唾液中的免疫球蛋白A的分泌率和含量，影响人的黏膜免疫功能。大量的畜禽粪污在高温下处理不及时，其生成的甲基硫醇、二甲基二硫醚等有毒有害气体会造成空气污染，使空气中含氧量相对下降，导致动物及人的免疫力下降、呼吸道疾病增加。

畜禽饲料和兽药中添加的铜、锌、砷等重金属元素难以吸收和转化，使畜禽粪污中的重金属含量严重超标，重复利用会加剧重金属和有毒物质的积累，将威胁畜禽安全和人类健康。

畜禽粪污中有多种人畜共患病的潜在致病原，主要是大肠杆菌、沙门菌、弯曲菌、原虫等。因此，畜禽粪污如果处理不当，不但会危害畜禽养殖业的发展，还会污染周边环境，威胁人类的安全。

182. 畜禽粪污饲料化利用过程中如何去除有害物质？

（1）去除杂质。去除畜禽粪污中的土壤、石块等杂质。

（2）发酵法。对畜禽粪污进行发酵处理，以降低有机物质的含量和改善其营养价值。发酵可以使用堆肥堆、发酵池或厌氧发酵设备等。同时，为了提高发酵速度和质量，建议添加生物发酵剂进行发酵。

青贮发酵法是将畜禽粪污与作物残体、作物秸秆、饲草或其他粗饲料一起青贮，需要有足够的水分和可溶性糖类。青贮法能够提高适口性和饲料利用率，提高蛋白质转化效率，用青贮法生产的畜禽粪污饲料比干粪营养价值高。

需氧发酵法投资少，产品改变了粪污本身的很多特点，生成适合单胃动物的饲料。在处理过程中需充气、加热、干燥产品，所以会消耗大量能源。

（3）干燥法。发酵后的畜禽粪污可能具有较高的湿度，因此需要进行干燥处理。可以采用自然晾晒、机械干燥或利用太阳能等方法进行干燥，使其水分含量降低到适宜的水平。干燥法设备简单，投资小，但能源消耗大。在加工过程中，灰尘大，存在氮的损失问题。

自然干燥法是将新鲜粪污在地面摊晒，以降低其水分含量，不能彻底杀灭病原微生物和寄生虫。

机械干燥法是用高温干燥机械使粪污水分含量在短时间内降低，同时具有灭菌、除臭的作用。采用机械干燥法处理畜禽粪污并将其用作饲料是目前应用较为广泛的畜禽粪污资源化利用方式之一。

热喷法是通过使用热喷机，在其高温高压作用下，使粪污熟化并膨松，同时杀灭病菌、去除恶臭。

183. 如何实现畜禽粪污青贮发酵及青贮发酵的优势是什么？

青贮法是将畜禽粪污与作物残体、作物秸秆、饲草或其他粗饲料一起青贮，需要有足够的水分和可溶性糖类。青贮时，畜禽粪污与青草或其他饲料搭配比例最好是1∶1。下列配方可供参考：牛粪30%、鸡粪25%～30%、米糠5%～15%，三叶草15%～20%，豆饼5%～10%，颖壳1.5%～2.0%。如果青贮饲料中可溶性糖类不足，可添加10%左右的玉米面。纤维成分的消化率可通过添加氢氧化钠、氢氧化钾、氨气等碱性物质来提高。例如，日本采用鸡粪青贮发酵法制作饲料，即用干鸡粪、青草、豆饼、米糠，按比例装入缸中，盖好缸盖，压上石头，进行乳酸发酵，3～5周后，可将其变成良好的发酵饲料，适口性好，消化吸收率高，适合饲喂育成鸡、育肥猪和繁殖母猪。

青贮法简单方便，效果很好。不仅可以提高饲料适口性和吸收率，防止蛋白质过多损失，而且可将部分非蛋白氮转化成蛋白质，并杀灭有害微生物。用青贮法生产的畜禽粪污饲料比干粪营养价值高，是一种可以大力推广的方法。

184. 选择饲料化利用的畜禽粪污时需要注意什么？

（1）要选择新鲜或干燥的畜禽粪污作为原料，特别是夏季超过24h或已腐败变味的最好不用，来自疫区和受污染的畜禽粪污绝对不能使用，避免疫病传播。

（2）对畜禽粪污进行有效的检测，将畜禽粪污作为饲料使用前，应进行质量检测（包括营养成分、微生物等方面），应符合相关的安全、卫生标准和要求，以确保饲料的质量安全。

（3）畜禽粪污收集后要经过适当处理后再饲喂，以改善其适口性，提高营养物质的消化率，减少有毒、有害物质对畜禽的危害。一是在处理畜禽粪污时，应注意卫生安全，避免直接接触，使用防护手套和口罩等个人防护装备。二是在饲料制作过程中要严格控制温度，防止饲料受污染、变质；三是在装袋前要防止饲料被灰尘和潮湿环境影响；四是尽可能采用环保型包装袋，以减少对环境的影响；五是贮存环境要定期检查，防潮保温，保持室内清洁。

（4）鸡粪中粗蛋白质含量高，但能量较低，饲喂时必须与一些高能饲料如玉米、大麦、小麦等混合，鸡粪的用量以占日粮干物质重的20%～40%为宜。

（5）鸡粪的适口性相对较差，开始饲喂时喂量不宜过高，要逐步增加其在日粮中的含量，以免引起消化道疾病，同时应适当减少青饲料的供给，保证精料的摄入量。

185. 哪些畜禽粪污可以作为饲料利用？

（1）牛粪。据测定，干牛粪中含粗蛋白质10%～20%、粗脂肪1%～3%、无氮浸出物20%～30%、粗纤维15%～30%。牛粪中有70%的粗蛋白质能被单胃动物利用。

（2）猪粪。据测定，干猪粪中含粗蛋白质11%～31%、粗脂肪2%～9%、维生素A 1 600IU/kg，赖氨酸含量高达5.2%，蛋白质含量与大豆相当。

（3）兔粪。据测定，兔粪含粗蛋白质18%～27%、粗脂肪3.9%～4.3%、纤维素36%～46%、糖类4.9%～8%、钙约1.9%、磷1.4%、无氮浸出物约40.6%，因此，开发利用兔粪饲料资源具有重要的现实意义。

（4）鸡粪。鸡粪是质优价廉的蛋白质补充料，据测定，干鸡粪中含粗蛋白质15%～30%、粗脂肪2.4%、粗纤维10%～16%、无氮浸出物30%、钙5.6%、亚油酸1%、各种氨基酸8%～10%。

（5）蚕粪。蚕粪又称蚕沙，是家蚕幼虫排出的粪便。生产中多采用二眠至三眠的家蚕粪便饲喂畜禽。据测定，蚕粪中含干物质约29.2%、粗蛋白质13%～15.1%、粗纤维10.1%～19.6%、无氮浸出物约36.2%、粗脂肪约2.6%。

186. 畜禽粪污饲料化利用的方法有哪些？

（1）牛粪饲料。

①加工方法。烘干：取健康牛的鲜粪晾晒在水泥地面上，风干粉碎后饲用。适用于仔羊。发酵：取鲜牛粪30%、统糠50%、麸皮20%，混合均匀后进行密封发酵。或取10kg鲜牛粪，加入食用发酵面200g或酒曲100g，夏天发酵6h，冬天15℃发酵24h以上。适用于饲喂猪。药物处理：在牛粪上泼洒0.1%高锰酸钾，再烘干或青贮发酵备用。

②添加用量。牛粪在动物粮中的添加量分别为：羊10%～40%、牛20%～50%、成年鸡5%～10%、成年猪10%～15%。一般不用来饲喂幼畜禽。

（2）猪粪饲料。

①加工方法。烘干。取健康猪粪晾晒干燥备用。发酵：在猪粪中加0.5%石灰水，

根据气温高低确定发酵期的长短。

②添加用量。猪粪在育肥猪日粮中添加30%，平均日增重可达0.56kg，比对照组提高15%。猪粪是水产养殖的主要饲料之一，又能提高水肥度。鲜猪粪喂鱼要根据池塘大小、鱼的多少合理投放，晴天水清多投，阴雨天水浊少投或不投。

（3）兔粪饲料。

①加工方法。干燥：取鲜兔粪在水泥地面上暴晒3h以上，粉碎。夏季多采用此法。煮沸：在鲜兔粪中加适量麸皮等饲料，煮沸15～20min后饲用。冬季多采用此法。浸泡：把干兔粪装在缸或盆中，加入沸水搅拌，调成糊状饲用。化学处理：1kg干兔粪加甲醛溶液200mL混匀，再晒干饲用。或50kg干兔粪加40%NaOH溶液100kg浸泡24h后，捞出放入清水中，沥干饲用。发酵：将鲜兔粪搓碎，拌入青草和青菜，加水适量，装入缸、窖或塑料袋密封发酵24～48h后即可饲用。

②添加用量。兔粪在仔猪日粮中添加10%～15%，在育肥猪日粮中添加15%～25%。但在日粮中的添加量以兔粪中加米糠和麸皮等饲料的量来确定，多加麸皮可适当增加喂量。育肥猪出栏前20d停喂。

（4）鸡粪饲料。

①加工方法。烘干：将鲜鸡粪摊于水泥地面自然风干，半干时加入0.5%～1.0%的硫酸或0.5%甲醛溶液，鸡粪风干后粉碎装袋备用，饲喂添加量为5%～30%。发酵：在鸡粪中加入米糠、麸皮和草粉等，加入适量水，放入缸、窖或塑料袋，压紧封严，发酵3～5d即可用。青贮：鸡粪60%加秸秆粉30%再加麸皮10%混匀，保持湿度在60%，装窖青贮30～50d可用。

②添加用量。鸡粪在仔猪口粮中添加5%～10%，在育肥猪口粮中添加15%～30%，出栏前15d停喂。

（5）蚕粪饲料。

①加工方法。收集鲜蚕粪晾晒在水泥地面上，再粉碎后放在清水中浸泡3h左右，捞出拌在饲料中饲用。

②添加用量。蚕沙在仔猪日粮中添加5%左右，在育肥猪日粮中添加5%～10%，在蛋鸡日粮中添加5%。此外也可在兔、牛和羊日粮中添加适量蚕沙饲用，经常向鱼池中投蚕沙也能促鱼快长（图4-14）。

图4-14　畜禽粪便颗粒饲料
（巫溪县农业农村委员会，郑云才　摄）

187. 如何利用物理方法处理畜禽粪污？

干燥法是畜禽粪污饲料化技术中最为常用的一种，主要分为自然干燥法、高温快速烘干法、塑料大棚干燥法等类型①。其中，自然干燥法是指利用阳光照晒畜禽粪污进行干燥处理，此方法操作简单，投资较小，成本较低，但是受场地和天气影响较大，遇到恶劣天气，极易造成粪污大面积散失，影响周边环境。另外，在干燥过程中会产生大量臭气，并有病原菌扩散的风险，严重影响周围居民的正常生活。高温快速烘干法则是通过干燥机进行人工干燥，一般常用滚筒式干燥机进行处理，优点是处理速度较快，受天气影响较小，有效杀灭粪污中各种虫卵及病原微生物。但存在烘干机排出的臭气易引发二次污染以及处理温度过高导致肥效差的问题。

（1）牛粪。烘干：取健康牛的鲜粪晾晒在水泥地面上，风干粉碎后饲用。适合饲喂仔羊。

（2）猪粪。取健康猪粪晾晒干燥备用。

（3）兔粪。①烘干：取鲜兔粪在水泥地面上曝晒3h以上，粉碎。夏季多采用此法。②煮沸：在鲜兔粪中加适量麸皮等，煮沸15～20min后饲用。冬季多采用此法。③浸泡：把干兔粪装入缸或盆中，加入沸水搅拌，调成糊状饲用。

（4）鸡粪。烘干：将鲜鸡粪摊于水泥地面自然风干，在半干时加入0.5%～1%的硫酸或0.5%甲醛溶液，鸡粪风干后粉碎装袋备用。

（5）蚕粪。烘干：收集鲜蚕粪晾晒在水泥地面上，再粉碎后放入清水中浸泡3h左右，捞出拌入饲料中饲用。

188. 如何利用化学法处理畜禽粪污？

化学处理法包括消毒法和化学除臭法，通过利用化学药物对畜禽粪污进行消毒处理，此类方法操作简单，但是易引起二次污染。同时，化学除臭运行成本偏高，在实践中无法大规模应用。

（1）牛粪。药物处理：在牛粪上泼洒0.1%高锰酸钾后再烘干或青贮发酵。

（2）兔粪。化学处理：按1kg干兔粪加甲醛溶液200mL混匀，再晒干饲用。或按50kg干兔粪加40% NaOH溶液100kg浸泡24h后，捞出放入清水中，沥干饲用。

189. 如何利用发酵法处理畜禽粪污？

发酵法主要是采用好氧微生物有氧发酵原理，使好氧微生物利用畜禽粪污和畜禽尸体中的有机物质、残留蛋白质等，在一定温度、湿度和充足氧气环境状态下快速繁殖，从而实现对畜禽粪污的无害化处理。

（1）牛粪。取鲜牛粪30%、统糠50%、麸皮20%，混合均匀进行密封发酵。或取10kg鲜牛粪，加入食用发酵面200克或酒曲100g，夏天发酵6h，冬天15℃发酵24h以

---

① 吴玉文，2021. 畜禽粪便资源化利用技术的现状及展望[J]. 畜牧兽医科技信息（10）：24.

上。适合饲喂猪。

（2）猪粪。在猪粪中加0.5%石灰水，根据气温高低确定发酵期的长短。

（3）兔粪。将鲜兔粪搓碎，拌入青草和青菜，加入适量水，装入缸、窖或塑料袋密封发酵24～48h后即可饲用。

（4）鸡粪。①发酵，在鸡粪中加入米糠、麸皮和草粉等，加入适量水，放在缸、窖或塑料袋内，压紧封严，发酵3～5d即可。②青贮，60%鸡粪加30%的秸秆粉再加10%的麸皮，混匀，保持湿度在60%，装窖青贮30～50d即可。

190. 如何利用分解法处理畜禽粪污？

分解法是利用蚯蚓和蜗牛等低等动物分解粪污，达到既能提供动物蛋白质又能处理粪污[1]的目的。蚯蚓消解畜禽粪污是生物处理技术的应用，主要通过有益微生物和消化系统蛋白酶、脂肪酶、纤维素酶、甲壳素酶、淀粉酶等多种酶类以及蚯蚓肠腔的机械挤压磨碎加速有机物质的分解、转化，并对分解物中的臭味进行抑制或去除，有机物质被蚯蚓摄入后可直接被同化、利用，达到改变有机废弃物理化性质的目的[2]（图4-15）。

图4-15　蚯蚓消解畜禽粪污

用牛粪饲养蚯蚓（图4-16），据测算，每平方米培养基可收获鲜蚯蚓2万条，30～40kg。生产的蚯蚓是优质的动物蛋白质，用作钓鱼饵料，还可用于医药等行业；蚯蚓粪是高效的有机肥，可作为蔬菜、花卉、果树、烟草等的优质有机肥，且对环境

①邹丽娜，2022.畜禽粪便无害化处理方法简析[J].山东畜牧兽医，43（10）：42-44，47.
②甘洋洋，张野，王瑾，等，2019.基于蚯蚓消化作用的畜禽粪便资源化饱满、千粒重增加等特点；瓜果作物呈现出果实大、品相优、糖研究进展[J].江苏农业科学，47（10）：47-51.

不产生二次污染。牛粪简单处理后用来育蛆，然后再用蛆喂鸡，既可提高鸡的重量，也可满足产蛋鸡所需的动物饲料蛋白，可使100只鸡每天可增加产蛋1kg，全年可增加产蛋量100kg，增加收入3 000元，育蛆后的牛粪仍可作肥料施用，其肥效也不减。分解法比较经济，生态效益显著。但由于前期粪污灭菌、脱水处理和后期收蝇蛆、饲喂蚯蚓、蜗牛的技术难度较大，加上对温度要求较苛刻，而且难以全年生产，故尚未得到大范围的推广。

图4-16　牛粪饲养蚯蚓

（巫溪县农业农村委员会，郑云才　摄）

191. 畜禽粪污饲料化利用需要哪些设施设备和运行条件？

水泥场地。投资较小，成本较低，但是受场地和天气影响较大，遇到恶劣天气，极易造成粪污大面积散失，影响周边环境。另外，在晒干过程中会产生大量臭气，并有病原菌扩散的风险，严重影响周围居民的正常生活。

滚筒式干燥机。通过滚筒式干燥机进行高温快速干燥，优点是处理速度较快，受天气影响较小，能有效杀灭粪污中的各种虫卵及病原微生物。但存在烘干机排出的臭气产生二次污染以及处理温度过高导致肥效差的问题。

青贮（发酵）池。畜禽粪污和一些禾本科青饲料一起青贮，青贮的饲料有酸香味，可提高其适口性。

第三节　畜禽粪污的能源化利用

192. 什么是畜禽粪污能源化利用？

能源化是通过一定的技术将畜禽粪污转化为可利用的能源，包括燃烧产热、厌氧发酵产气等。畜禽粪污能源化的主要途径是厌氧发酵沼气工程（图4-17），畜禽粪污经厌氧发酵产气后，既可用作清洁能源，又可将沼渣沼液还田，具有低成本、低能耗、占地少、负荷高等优点。

图4-17　沼气发酵（巫溪县农业农村委员会，郑云才　摄）

193. 畜禽粪污能源化利用有哪些方式？

畜禽粪污能源化利用主要通过热化学和生物化学转化技术将畜禽粪污中的有机物质转化为气态和液态能源。

热化学转化技术主要有3种：①将粪煤混合制作燃料棒、蜂窝煤，直接燃烧。②热化学气化生产燃气，通过加热在不完全燃烧状态下将畜禽粪污中的高分子量有机碳氢化合物裂解为CO、H_2、CH_4等可燃气体。③热化学液化产生燃油，在隔绝空气或通入少量空气的条件下，利用热能将生物质大分子转变为低分子液体燃料。相对于燃气，液体燃料在贮存、运输及利用方面更有优势。

生物化学法转化技术也有多种：①微生物转化产电，通过以电化学技术为基础的微生物燃料电池技术，将畜禽粪污中的化学能直接转化为电能。②微生物发酵产氢，以畜禽粪污为原料制氢，利用微生物代谢活动释放氢气。③厌氧消化产沼气，在无氧条件下利用厌氧微生物、兼性厌氧微生物将畜禽粪污中的有机物质转化成沼气（甲烷和二氧化碳）。④发酵产乙醇，通过物理化学预处理和纤维素酶酶解，将畜禽粪污中的纤维素和半纤维素降解为糖后再转化为乙醇，研究中主要是将畜禽粪污发酵后的沼渣、沼液作为生产乙醇的原料。⑤养藻产燃油，利用畜禽粪污或沼液以较低的成本培养微藻，微藻的油脂合成效率大大高于油料作物[1]。

---

①刘长全，张鸣鸣，邓良伟，2020.畜禽粪便能源化利用的问题、制约及发展思路[J].农村经济（12）：113-119.

194. 畜禽粪污如何生产生物质液体燃料？

生物质液体燃料主要有燃料乙醇、生物油等。

以畜禽粪污为原料，依次经过预处理、纤维素酶水解、微生物发酵、蒸馏工序生产制得燃料乙醇，可以大量、低成本地生产燃料乙醇，提高乙醇发酵率，生产工艺简单，产值高，采用的发酵菌株葡萄糖利用效率和乙醇产生率高。

畜禽粪污通过预发酵处理步骤可以得到预发酵气体、初级液体产物和固体混合物，固体混合物经过发酵步骤得到发酵气体和乙醇，同时利用得到的初级液体产物、预发酵气体和发酵气体经微藻培养步骤培养微藻，收集微藻后经提油步骤提取得到生物油。

195. 畜禽粪污如何生产生物质气体燃料？

生物质气体燃料是以生物质为原料生产的可燃气体，主要成分包括甲烷、氢气、一氧化碳等。生物天然气（沼气）是生物质气体燃料中的一种，以畜禽粪污、农作物秸秆、城镇有机生活垃圾、工业有机废弃物等为原料，通过厌氧发酵产生沼气，经净化提纯后与常规天然气成分、热值完全一致的绿色低碳清洁可再生燃气。

196. 畜禽粪污如何生产生物质固体燃料？

畜禽粪污经固液分离后，得到含水40%～50%的固化粪污，加入重金属去除剂和生物质燃料母料，搅拌，高压挤压成型造粒，做成粪污生物燃料。此种燃料适合配套使用畜禽粪污专用气化锅炉，畜禽粪污生物质专用气化炉采用了分级燃烧、烟气再循环、全预混表面燃烧、燃尽风技术、过量空气系数及氧含量技术，保证燃烧快速充分，热能效率高，排放烟气温度低，低硫低NO_x排放，高效节能环保，运行安全稳定。燃料灰烬可作为高效的有机肥料。

工艺：圈舍内粪污经机械刮粪板刮入粪污收集沟，粪沟内粪污通过冲洗管路输送的冲洗水被冲至集污池，粪污在集污池内经搅拌机搅拌均匀后，由潜水切割泵提升至固液分离机进行固液分离，分离后的液体自流进入污水池，一部分用作粪沟冲洗水，多余的定期排入上清塘，分离后的固体加入重金属去除剂经过堆粪发酵，除去部分水分，然后搅拌加入生物燃料母料；进入猪、牛、羊、鸡粪燃料压制成型车间，制作成块状燃料，作为冬季燃料使用。

197. 畜禽粪污热化学法能源化技术种类及存在的问题有哪些？

（1）畜禽粪污热化学法能源化技术种类。

①直接燃烧。粪污直接燃烧是传统的粪污能源化利用方法，草原上的牧民至今仍有将牛粪用作燃料煮饭的习惯。畜禽粪污直接燃烧的现代化利用方法是将畜禽粪污与其他生物质或煤进行混合燃烧，从而产生蒸汽用于发电和供热。

②热化学气化产燃气。畜禽粪污热化学气化是指在不完全燃烧状态下将有机化合物转化为气体燃料的热化学过程，即加热畜禽粪污，使高分子量的有机碳氢化合物裂解变成较低分子量的CO、H_2、CH_4等可燃气体。其反应过程基本包括原料干燥、热分解反应、还原反应和氧化反应等。

畜禽粪污气化属于自供热系统，不需要、也不损耗其他能源，气化的能量利用效率较高，设备技术比较简单，其产品均可以资源化利用。例如，固体产品炭具有一定的孔隙结构和比表面积，还含有丰富的钙、钾等元素，不仅有利于农作物生长，还可以用作土壤改良剂。

③热化学液化产燃油。热化学液化又称裂解，是指在隔绝空气或通入少量空气的条件下，利用热能切断生物质大分子中的化学键，使之转变为低分子液体燃料的过程。热化学液化又分为快速热解液化和高压液化（直接液化），快速热解液化适用于低含水量生物质，高压液化适用于高含水量生物质。

热化学液化获得的液体燃料称为生物油，既可以直接作为燃料使用，也可以再转化为品位更高的液体燃料。由于液体能源在贮存、运输及利用方面具有巨大的优势，所以生物质液化技术备受重视，在国际上也被广泛关注。

（2）存在的问题。

①将粪煤混合制作燃料棒、蜂窝煤，直接燃烧，该方法的问题是CO的排放量有所增加、燃烧温度降低和炉灰量大幅增加。②热化学气化生产燃气面临的问题，一是产生的气体中焦油含量过高，影响气化系统运行的可靠性和安全性；二是气化前干燥处理需要消耗大量能量，影响技术应用的综合能耗和经济性。③热化学液化产生燃油，在隔绝空气或通入少量空气的条件下，利用热能将生物质大分子转变为低分子液体燃料。相较于燃气，液体燃料在贮存、运输及利用方面更有优势。但是，该技术目前仍处于实验室研究阶段，还需要解决一系列技术问题。

198. 畜禽粪污生物化学法能源化技术种类及存在的问题有哪些？

（1）畜禽粪污生物化学法能源化种类。

①微生物转化产电。畜禽粪污可以通过微生物燃料电池技术直接转化为电能。微生物燃料电池是以电化学技术为基础，以微生物为催化剂将贮存在有机物中的化学能转化为电能的装置，常见的双室MFCs装置结构主要包括阳极室、阴极室和中间的分隔膜。

在阳极室，微生物通过呼吸作用将有机底物氧化并释放电子和质子，释放的电子在微生物作用下通过电子传递介质转移到阳极表面，并通过连接阳极与阴极的外导线被输送至阴极，释放的质子透过质子交换膜到达阴极。在阴极室，电子、质子和氧气反应生成水，这样就形成了电子回路，最终输出电能。

②微生物发酵产氢。氢气因能量密度大、洁净燃烧、可以再生等特点而在石油、航天、冶金、医药等各个领域应用得十分广泛。氢气的制取方法主要有化学法和生物法两种。化学法制氢是目前较为成熟的技术，是以天然气、石油为原料进行高温裂解、催化重整等方式制取氢气，该方法对化石能源依赖性较强，同时在制氢过程中还会造成一定的环境污染。

生物制氢是利用微生物的代谢活动释放氢气，其产氢条件温和，原料来源丰富，是未来氢能生产的主要替代形式。主要是利用生活污水、工农业有机废水（废弃物）作为制氢原料，既可实现废弃物资源化、减少环境污染，又能开发可再生能源。因此，生物制氢是一种发展前景广阔、环境友好的制氢新方法。

③厌氧消化产沼气。畜禽粪污厌氧消化是指在无氧的条件下，厌氧微生物、兼性厌氧微生物将粪污中的有机物转化成沼气（甲烷、二氧化碳）的过程。畜禽粪污产沼气是最为成熟的畜禽粪污能源化利用技术，几乎所有的厌氧消化工艺，包括传统消化工艺、高效的厌氧反应器等在畜禽养殖粪污沼气化处理利用中都有应用。

④畜禽粪污发酵产乙醇。畜禽粪污中不仅含有纤维素和半纤维素等碳水混合物，而且氮源丰富，是生产燃料乙醇潜在的资源。纤维素和半纤维素经过物理化学方法预处理、纤维素酶酶解后，产生的糖可转化为乙醇。目前研究更多的是利用畜禽粪污发酵后的沼渣、沼液产乙醇，这是由于沼渣富含容易被乙醇发酵微生物利用的纤维素，且沼气发酵预处理时间比较短。

（2）存在的问题。

①微生物转化产电，通过以电化学技术为基础的微生物燃料电池技术，将畜禽粪污中的化学能直接转化为电能。该技术有转化效率高和可以在常温下有效运行等技术优势，但也存在输出功率较低、电极组件价格昂贵等问题。

②微生物发酵产氢，以畜禽粪污为制氢原料，利用微生物代谢活动释放氢气。该

技术仍面临生产成本高、转化效率较低等问题，制约其产业化发展。

③初始投入较高，农村地区技术力量不足。

④发酵产乙醇，通过物理化学预处理和纤维素酶酶解，将畜禽粪污中的纤维素和半纤维素降解为糖后再转化为乙醇，研究中主要是将畜禽粪污发酵后的沼渣、沼液作为生产乙醇的原料。该技术生产成本高，制约其产业化发展。

⑤养藻产燃油，利用畜禽粪污或沼液以较低的成本培养微藻，后者的油脂合成效率大大高于油料作物。但是，该技术还不成熟，在商业化应用方面还受到很多限制。

199. 沼气发酵技术的主要应用模式包括哪些？

沼气发酵技术是一种将有机物质转化为沼气的过程，其发酵过程分为3种类型：酸性发酵、甲烷发酵和两阶段发酵。本部分内容将详细介绍这3种发酵类型的特点和应用。

（1）酸性发酵。酸性发酵是指在中性或微酸性条件下，有机物质经过厌氧发酵产生乙酸、丙酸、酒精、二氧化碳等物质。酸性发酵通常由梭状芽孢杆菌、芽孢杆菌、大肠杆菌等完成。这类细菌有较强的酸耐受性，可以在pH为4.5以下的环境中生长繁殖。

酸性发酵常被用于处理含有高浓度有机物质的废水和污泥，如食品加工废水、畜禽养殖废水等。此外，酸性发酵还可以用于生产乙醇、乙酸和丁酸等产品。

（2）甲烷发酵。甲烷发酵是指在中性或微碱性条件下，有机物质经过厌氧发酵，产生甲烷和二氧化碳。这类发酵通常由甲烷菌和酪酸梭菌等细菌完成，甲烷菌利用酪酸梭菌分解产生的乙酸和氢气生成甲烷和二氧化碳。

甲烷发酵是沼气发酵技术中最重要的一种类型，被广泛应用于废弃物处理、污水处理、农业生产和能源利用等领域。其中，最常见的应用是处理畜禽粪污和农业废弃物，以产生沼气。此外，甲烷发酵还可以用于生产生物柴油和生物甲烷等产品。

（3）两阶段发酵。两阶段发酵是指将有机物质在酸性发酵和甲烷发酵中分别处理，以提高沼气产量和质量。两阶段发酵通常由两个反应器组成，第一个反应器中进行酸性发酵，产生乙酸和丙酸等物质，第二个反应器中进行甲烷发酵，产生甲烷和二氧化碳。

两阶段发酵的优点是可以分别控制酸性发酵和甲烷发酵的环境条件以提高沼气产量和质量。此外，两阶段发酵还可以处理含有高浓度有机物质的废水和污泥，如餐厨垃圾、农村生活污水等。

沼气发酵技术具有广泛的应用前景，不同类型的发酵技术可以根据处理材料和产品需求进行选择。未来，随着沼气发酵技术的不断发展和完善，其将能够更好地服务于人类的生产和生活。

200. 什么是沼气发酵技术？

沼气发酵又称厌氧消化、厌氧发酵，是指有机物质（如人畜家禽粪污、秸秆、杂草等）在一定的水分、温度和厌氧条件下，通过多种厌氧性异养型微生物的分解代谢，最终形成甲烷和二氧化碳等的可燃性混合气体的过程。沼气发酵系统基于沼气发酵原理，以能源生产为目标，最终实现沼气、沼液、沼渣的综合利用。

沼气发酵是一个复杂的生物化学过程，具有以下特点：

（1）参与发酵反应的微生物种类繁多，没有应用单一菌种生产沼气的先例，在生产和试验过程中需要用接种物来发酵。

（2）用于发酵的原料复杂、来源广泛，各种单一的有机物质或混合物均可作为发酵原料，最终产物都是沼气。此外，通过沼气发酵能够处理COD超过50 000mg/L的有机废水和固体含量较高的有机废弃物。

（3）沼气微生物自身能耗低，在相同的条件下，厌氧消化所需能量仅占好氧分解的$1/30 \sim 1/20$。

（4）沼气发酵装置种类多，从构造到材质均有不同，但各种装置只要设计合理均可生产沼气。

（5）产甲烷菌要求在氧化还原电位$-330mV$以下的环境中生活，沼气发酵要求在严格的厌氧环境中进行。

沼气发酵一般可分为3个阶段：

（1）液化阶段。由于各种固体有机物质通常不能进入微生物体内被微生物利用，因此必须在好氧和厌氧微生物分泌的胞外酶、表面酶（纤维素酶、蛋白酶、脂肪酶）的作用下，将固体有机物质水解成相对分子质量较小的可溶性单糖、氨基酸、甘油、脂肪酸。这些相对分子质量较小的可溶性物质就可以进入微生物细胞被进一步分解利用。

（2）产酸阶段。各种可溶性物质（单糖、氨基酸、脂肪酸）在纤维素细菌、蛋白质细菌、脂肪细菌、果胶细菌胞内酶作用下继续分解转化成低分子物质，如丁酸、丙酸、乙酸以及醇、酮、醛等简单有机物质，同时也有部分氢、二氧化碳和氨等无机物质的释放。但在这个过程中，主要的产物是乙酸，约占70%，所以称为产酸阶段。参与这一阶段的细菌称为产酸菌。

（3）产甲烷阶段。产甲烷菌将产酸阶段产生的乙酸等简单有机物质分解成甲烷和二氧化碳，其中二氧化碳在氢气的作用下还原成甲烷，是发酵沼气的最终产物。这一阶段称为产气阶段，也称为产甲烷阶段[1]。

---

①张杰，2019.沼气发酵技术在农业生产中的应用[J].新农业 (3)：61-62.

图书在版编目（CIP）数据

畜禽粪污处理与资源化利用实用技术200问 / 重庆市
畜牧技术推广总站编. -- 北京 : 中国农业出版社，
2025.8. -- (中国西南山地畜牧业实用技术大全).
ISBN 978-7-109-33612-4

Ⅰ. X713.05-44

中国国家版本馆CIP数据核字第202500MP57号

中国农业出版社出版

地址：北京市朝阳区麦子店街18号楼

邮编：100125

责任编辑：全　聪　　文字编辑：郝小青

版式设计：王　怡　　责任校对：吴丽婷　　责任印制：王　宏

印刷：中农印务有限公司

版次：2025年8月第1版

印次：2025年8月北京第1次印刷

发行：新华书店北京发行所

开本：787mm×1092mm　1/16

印张：10.25

字数：235千字

定价：88.00元